科学奥妙无穷 ▶

U0582004

中国酒文化探秘

魏星 编著

北方妇女儿童出版社

目 录

目　录

酒，是一个变化多端的精灵，它炽热似火，冷酷像冰；它缠绵如梦萦，狠毒似恶魔，它柔软如锦缎，锋利似钢刀；它无所不在，力大无穷，它可敬可泣；它能叫人超脱旷达，才华横溢，放荡无常；它能叫人忘却人世的痛苦、忧愁和烦恼，到绝对自由的时空中尽情翱翔；它也能叫人肆行无忌，勇敢地沉沦到深渊的最底处，叫人丢掉面具，原形毕露，口吐真言。酒，在人类文化的历史长河中已不仅仅是一种客观的物质存在，而是一种文化象征，即酒神精神的象征。下面，就让我们走进"酒"的世界。

● 白酒故乡

　　我国酿酒历史悠久，品种繁多，自产生之日开始，就受到广泛的欢迎。人们在饮酒赞酒的时候，总要给所饮的酒起个饶有风趣的雅号或别名。这些名字，大都由一些典故演绎而成，或者根据酒的味道、颜色、功能、作用、浓淡及酿造方法等等而定。酒的很多绰号在民间流传甚广，所以在诗词、小说中常被用作酒的代名词。这也是中国酒俗文化的一个特色。

酒的历史 〉

我国是酒的故乡，也是酒文化的发源地，是世界上酿酒最早的国家之一。酒的酿造，在我国已有相当悠久的历史。在中国数千年的文明发展史中，酒与文化的发展基本上是同步进行的。

大体上，古酒约分两种：一种是果实谷类酿成的色酒，另一种是蒸馏酒。有色酒起源于古代，据《神农本草》所记载，酒起源于远古与神农时代。

早期酒应当是果酒和米酒。自夏之后，经商周、历秦汉，以至于唐宋，皆是以果实粮食蒸煮，加曲发酵，压榨而后才出酒的，无论是吴姬压酒劝客尝，还是武松大碗豪饮景阳冈，喝的就是果酒或米酒，随着人类的进一步发展，酿酒工艺也得到了进一步改进，由原来的蒸煮、曲酵、压榨，改而为蒸煮、曲酵、馏，最大的突破就是对酒精的提纯。数千年来，中国的酿酒事业在历史的变迁中分支分流，以至于酿造出了许多更具有地方特色、更能反应当地风土人情的各类名酒，不同地域和不同民族的酒礼酒俗，无不构造出一个博大精深的名酒古国。

晋人江统在《酒诰》里载有："酒之

所兴，肇自上皇……有饭不尽，委余空桑，郁积成味，久蓄气芳。本出于此，不由奇方。"说明煮熟了的谷物，丢在野外，在一定自然条件下，可自行发酵成酒。人们受这种自然发酵成酒的启示，逐渐发明了人工酿酒。我国最晚在夏代已能人工造酒。如《战国策》："帝女令仪狄造酒，进之于禹。"据考古发掘，发现龙山文化遗址中，已有许多陶制酒器，在甲骨文中也有记载。藁城县台西村商代墓葬出土之酵母，在地下3000年后，出土时还有发酵作用，汉代班固在《白虎通·考点》中亦有芳香的药酒意思的解释。罗山蟒张乡天湖商代墓地，发现了我国现存最早的古酒，它装在一件青铜所制的容器内，密封良好。至今还能测出成分，证明每100毫升酒内含有8239毫克甲酸乙醛，并有果香气味，说明这是一种浓郁型香酒，与甲骨文所记载的相吻合。周代时酿酒已发展成独立的且具相当规模的手工业作坊，并设置有专门管理酿酒的"酒正""酒人""郁人""浆人""大酋"等官职。

酒，是人类各民族民众在长期的历史发展过程中创造的一大饮料。世界上最古老的实物酒是伊朗撒玛利出土的葡萄酒，距今3000多年，仍芳醇

弥人；中国最古老的实物酒是西安出土的汉代御酒，据专家考证系粮食酒，至今仍香醇可饮，可谓奇也。中国甲骨文中早就出现了酒字和与酒有关的醴、尊、酉等字。从中可以佐证酒的存在之久。至于文史中的记载更是不胜枚举，如中国第一部诗歌总集《诗经》中有"即醉以酒，即饱以德"（《大雅·即醉》）的诗训，《周易》《周礼》《礼记》《左传》等典籍中，关于古代酒俗的记载更多，如"酒者可以养老也"（《礼记》）、"酒以成礼"（《左传》）等。这说明酒存在着多种用途，是生活习俗中必不可少的。

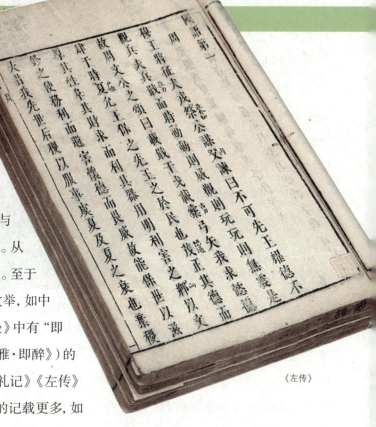

《左传》

酒的传说 >

相传，酒是杜康发明制造的，那他怎么会造出酒，又为什么会给这种饮品起名叫酒呢？

有一天，杜康想研制一种可以喝的东西，可是冥思苦想就是想不出制作方法，晚上睡觉的时候做了一个奇怪的梦，他梦见一个鹤发童颜的老翁来到他面前，对他说："你以水为源，以粮为料，再在粮食泡在水里第9天的酉时找三个人，每人取一滴血加在其中，即成。"说完老翁就不见了。

杜康醒来就按照老翁说的方法制作。他在第九天的酉时（17点~19点）到路边寻找3人。不一会儿来了一个书生，文质彬彬，谦虚有礼，杜康急忙上前说明来意，书生欣然允诺，割破手指滴了一滴血在桶里；书生走后，又来了一队人马，带头的是一位威武英气的将军，杜康上前说明来意，将军也捋臂挽袖，支持杜康，也割破手指滴了一滴血在桶里；这时酉时已经快过了（就是马上到7点了），可杜康还没找到第三个人，他有些着急，转念一想，只要是人不都可以吗，于是他找到了村子里的一个无亲无故并且傻乎乎的

13

乞丐，按住他，扎破他的手指滴了一滴血在桶里，疼得乞丐一会儿大喊大叫，一会儿晕头晕脑。有了这3滴血，杜康终于制作成了，可是他又犯愁了，起什么名字呢？他一想，这饮品里有3个人的血，又是酉时滴的，就写作"酒"吧，怎么念呢？这是在第九天做成的，就取同音，念酒（九）吧。这就是关于酒来历的传说。

白酒 〉

中国特有的一种蒸馏酒。由淀粉或糖质原料制成酒醅或发酵醪经蒸馏而得。又称烧酒、老白干、烧刀子等。酒质无色（或微黄）透明，气味芳香纯正，入口绵甜爽净，酒精含量较高，经贮存老熟后，具有以酯类为主体的复合香味。白酒指以曲类、酒母为糖化发酵剂，利用淀粉质（糖质）原料，经蒸煮、糖化、发酵、蒸馏、陈酿和勾兑而酿制而成的各类酒。

黄酒 >

黄酒是中国的民族特产,也称为米酒,属于酿造酒,在世界三大酿造酒（黄酒、葡萄酒和啤酒）中占有重要的一席。酿酒技术独树一帜,成为东方酿造界的典型代表和楷模。其中以浙江绍兴黄酒为代表的麦曲稻米酒是黄酒历史最悠久、最有代表性的产品。它是一种以稻米为原料酿制成的粮食酒。不同于白酒,黄酒没有经过蒸馏,酒精含量低于20%。不同种类的黄酒颜色亦呈现出不同,常见有米色、黄褐色或红棕色。山东即墨老酒是北方粟米黄酒的典型代表；福建龙岩沉缸酒、福建老酒是红曲稻米黄酒的典型代表。

15

药酒 >

　　药酒，素有"百药之长"之称，将强身健体的中药与酒"溶"于一体的药酒，不仅配制方便、药性稳定、安全有效，而且因为酒精是一种良好的半极性有机溶剂，中药的各种有效成分都易溶于其中，药借酒力、酒助药势而充分发挥其效力，提高疗效，从古传至今的著名药酒有妙沁药酒，新兴的药酒有龟寿酒、劲酒等。

白酒香型 〉

　　白酒有香味，于是就有了香味的分类，那么就出现了香型。白酒，酿造所采用的原料不同，有的是高粱，有的是大米；所选用的糖化发酵剂不同，有的是大麦和豌豆制成的中温大曲，有的是小麦制成的中温大曲或高温大曲，有的是大米制成的小曲、麸皮和各种不同微生物制成麸曲等；所使用的发酵容器设备不同，有的是陶缸、水泥池、砖池、箱，有的是泥池老窖等；所采取的酿造工艺不同，有的是清蒸清糙、续精混蒸、回沙发酵，有的是固态和液态发酵等；所处酿造环境的气候条件不同，有的干湿度高，有的干湿度低，有的气温高，有的气温低等。因此，各个厂家所酿制的酒品，其香韵特点也就各不一样。

• 酱香型

又称茅香型，以贵州省仁怀市的茅台酒为典型代表。这种香型的白酒，以高粱为原料，以小麦高温制成的高温大曲或纵曲和产酯酵母为糖化发酵制，采用高温堆积，一年一周期，2次投料，8次发酵，以酒养糟，7次高温烤酒，多次取酒，长期陈贮的酿造工艺酿制而成。其主体香味成分至今尚无定论，初步认为是一组高沸点的物质。酒质特点为无色或者微黄色，透明晶亮，酱香突出，优雅细腻，空杯留香，经久不散，幽雅持久，口味醇厚、丰满，回味悠长。高度酒分为43度和53度两种。其总酸以乙酸计，为≥1.5克/升，总酯以乙酸乙酯计，为≥2.5克/升；低度酒为38度以下，其总酸为≥0.7克/升，总酯为≥1.5克/升。

小麦和高粱

• 清香型

又称汾香型，以山西省汾阳市杏花村的汾酒为典型代表。这种香型的白酒以高粱等谷物为原料，以大麦和豌豆制成的中温大曲为糖化发酵剂（有的用麸曲和酵母为糖化发酵剂），采用清蒸清糟酿造工艺、固态地缸发酵、清蒸流酒，强调"清蒸排杂、清洁卫生"，即都在一个"清"字上下功夫，"一清到底"。其主体香味成分是乙酸乙酯，酒质特点无色，清亮透明，清香纯汇。口感醇厚柔和，甘润绵软，自然协调，余味爽净。后味较长，不应有浓香或酱香技其他导香和邪杂气味。高度酒分为40度至54度、55度至65度两种，其总酸（以乙酸计）为指（0.4至0.9克/升；其总酯（以乙酸乙酯汁）为1.4至2克/升。低度酒在40度以下，其总酸≥0.3克/升，总酯≥1.4克/升。

大米

18

• 浓香型

又称泸香型、窖香型。以四川泸州老窖特曲酒为典型代表。这种香型的白酒是以高粱、大米等谷物为原料，以大麦和豌豆或小麦制成的中、高温大曲为糖化发酵剂（有的用麸曲和产酯酵母为糖化发酵剂），采用的酿造工艺是混蒸续馇、酒糟配料、老窖发酵、缓火蒸馏、贮存、勾兑等酿造工艺酿造而成的，其主体香味成分是己酸乙酯。酒质的特点为无色或微黄色，清亮透明。窖香浓郁，甜绵爽净，纯正协调，余味悠长。高度酒为 40 至 60 度，其总酸以乙酸计，为 0.5 至 1.7 克 / 升。总酯以乙酸乙酯计为 ≥ 2.5 克 / 升，低度酒为 40 度以下，其总酸为 ≥ 0.4 克 / 升，总酯为 ≥ 2 克 / 升。

• 米香型

以广西壮族自治区桂林市的三花酒为典型代表。这种香型的白酒以大米为主要原料，以大米制成的小曲为糖化发酵剂，不加辅料，采用固态糖化、液态发酵、液态蒸馏，取酒贮存的工艺酿制而成。其主体香味成分是 β—苯乙醇。酒质特点为无色透明，蜜香清雅，入口绵甜，落口爽净，回味怡畅，具有令人愉快的药香。酒内含有高级脂肪酸乙酯，气温在 10℃ 以下时，这种高级脂肪酸乙酯遇冷会沉淀析出，使酒内出现乳白色絮状悬浮物，当气温一回升，悬浮物溶解在酒中，酒色就又恢复清亮透明。高度酒为 40 度至 57 度，其总酸以乙酸计，为 0.15 至 0.3 克 / 升，总酯以乙酸乙酯计，为 0.4 至 0.8 克 / 升，低度酒为 40 度以下，其总酸为 ≥ 0.2 克 / 升，总酯为 ≥ 0.6 克 / 升。

19

ZHONG GUO JIU WEN HUA TAN MI

• 凤香型

　　以陕西省宝鸡市凤翔县的西凤酒为典型代表：这种香型的白酒，以高粱为原料。是以大麦和豌豆制成的中温曲或麸曲和酵母为糖化发酵剂，采用续馇配料，土窖发酵（窖龄不超过1年），酒海容器贮存等酿造工艺酿制而成。其主体香味成分是乙酸乙酯、己酸乙酯和异戊醇，酒质特点为无色，清澈透明，醇香秀雅，甘润挺爽，诸味协调。尾净悠长。即清而不淡，浓而不酽。融清香、浓香优点于一体。

• 兼香型

　　以湖北宜昌的西陵特曲为典型代表。这种香型的白酒，以高粱为原料，以小麦制成的中、高温大曲或以麸曲和产酯酵母为糖化发酵剂，采用混蒸续精、高温堆积、泥窖发酵、缓慢蒸馏、贮存勾兑的酿造工艺酿制而成。其主体香味成分是己酸乙酯及高沸点的物质。酒质特点为无色，清亮透明，浓头酱尾，协调适中，醇厚甘绵，酒体丰满，留香悠长。

• 其他香型

除了以上 6 种主要香型的白酒外，采用独特工艺酿制而成的独特香味白酒，均称为其他香型。因为这种香型的酒品繁多，没有特定要求，只规定有共性要求。如酒质要无色，或微黄、透明，有舒适的独特香气，香味协调，醇和味长等。这种类型的酒品，目前又可分为以下 5 种：

一是董香型，又称药香型，以贵州遵义的董酒为典型代表。这种香型的白酒以高粱、稻谷为原料，以小麦制成的大曲、大米制成的小曲，两种曲作为糖化发酵剂，而且曲中加入多种中药材；采用小曲由小窖制成酒醅，大曲由大窖制成香醅，双醅串蒸的酿造工艺酿制而成。酒质特点为无色、透明，既有大曲酒的浓郁芳香，又有小曲酒的柔绵、醇和、回甜的特点，有愉快的药香，诸味协调，回味悠长。

二是豉香型，以广东佛山的豉味玉冰烧为典型代表。这种香型的白酒以大米为原料，以酿制成的小曲酒为基础酒，放入陈年肥肉缸浸渍而成。酒质玉洁冰清，晶莹悦人，豉香纯正，诸味协调，入口醇和，余味甘爽，酒度 30 度，低而不淡。

三是芝麻香型，以山东省安丘市景芝镇的特级景芝白干为典型代表。这种香型的白酒以高粱为原料，以小麦制成的中温大曲为糖化发酵剂，采用特殊工序培养成有芝麻香味的窖池发酵酿制而成。酒质特点为无色透明，香气袭人，芝麻香味突出，清洌可口，酒味醇和，余香悠长。

四是四特香型，又叫作特香型，以江西省樟树镇的四特酒为典型代表。这种香型的白酒以大米、高粱为原料，以小麦制成中温大曲为糖化发酵剂，采用地窖发酵，醅香蒸酒，老酒为底，勾兑调味的酿造工艺酿制而成。酒质特点为无色透明，闻香清雅，饮后浓郁，醇甜绵软，酒体协调，恰到好处。

五是老白干型，以中国北方一般白酒而言。这种香型的白酒以高粱为原料，以麸曲和酵母为糖化发酵，采用地池发酵、清蒸原辅料，续糙发酵，老五甑操作法的酿造工艺酿制而成。酒质特点为无色澈明，芳香纯正，甘洌醇厚，后劲悠长。

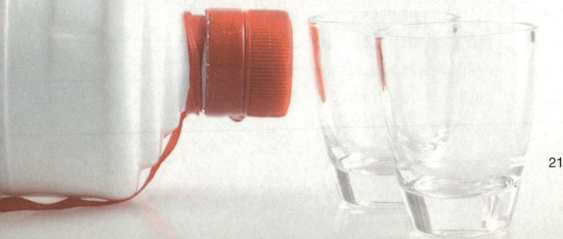

酒德和酒礼 〉

历史上，儒家的学说被奉为治国安邦的正统观点，酒的习俗同样也受儒家酒文化观点的影响。儒家讲究"酒德"两字。

酒德两字，最早见于《尚书》和《诗经》，其含义是说饮酒者要有德行，不能像夏纣王那样，"颠覆厥德，荒湛于酒"，《尚书·酒诰》中集中体现了儒家的酒德，这就是："饮惟祀"（只有在祭祀时才能饮酒）；"无彝酒"（不要经常饮酒，平常少饮酒，以节约粮食，只有在有病时才宜饮酒）；"执群饮"（禁止民众聚众饮酒）；"禁沉湎"（禁止饮酒过度）。儒家并不反对饮酒，用酒祭祀敬神，养老奉宾，都是德行。

饮酒作为一种食的文化，在远古时代就形成了大家必须遵守的礼节。有时这种礼节还非常繁琐。但如果在一些重要的场合下不遵守，就有犯上作乱的嫌疑。又因为饮酒过量便不能自制，容易生乱，制定饮酒礼节就很重要。明代的袁宏道，看到酒徒在饮酒时不遵守酒礼，深感长辈有责任，于是从古代的书籍中采集了大量的资料，专门写了一篇《觞政》。这虽然是为饮酒行令者写的，但对于一般的饮酒者也有一定的意义。

22

我国古代饮酒有以下一些礼节：

主人和宾客一起饮酒时，要相互跪拜。晚辈在长辈面前饮酒，叫侍饮，通常要先行跪拜礼，然后坐入次席。长辈命晚辈饮酒，晚辈才可举杯；长辈酒杯中的酒尚未饮完，晚辈也不能先饮尽。

古代饮酒的礼仪约有四步：拜、祭、啐、卒爵。就是先作出拜的动作，表示敬意，接着把酒倒出一点在地上，祭谢大地生养之德，然后尝尝酒味，并加以赞扬令主人高兴，最后仰杯而尽。

在酒宴上，主人要向客人敬酒（叫酬），客人要回敬主人（叫酢），敬酒时还要说上几句敬酒辞。客人之间相互也可敬酒（叫旅酬）。有时还要依次向人敬酒（叫行酒）。敬酒时，敬酒的人和被敬酒的人都要"避席"，起立。普通敬酒以3杯为度。

中华民族的大家庭中的56个民族中，除了信奉伊斯兰教的回族一般不饮酒外，其他民族都是饮酒的。饮酒的习俗各民族都有独特的风格。

原始宗教、祭祀、丧葬与酒 >

从远古以来，酒是祭祀时的必备用品之一。

原始宗教起源于巫术，在中国古代巫师利用所谓的"超自然力量"进行各种活动都要用酒。巫和医在远古时代是没有区别的，酒作为药，是巫医的常备药之一。在古代，统治者认为："国之大事，在祀在戎"。祭祀活动中，酒作为美好的东西，首先要奉献给上天、神明和祖先享用。战争决定一个部落或国家的生死存亡，出征的勇士在出发之前更要用酒来激励斗志。酒与国家大事的关系由此可见一斑。反映周王朝及战国时代制度的《周礼》中，对祭祀用酒有明确的规定。如祭祀时，用"五齐""三酒"共8种酒。主持祭祀活动的人，在古代权力是很大的，原始社会是巫师，巫师的主要职责是奉祀天地鬼神，并为人祈福禳灾。后来又有了"祭酒"主持飨宴中的醑酒祭神活动。

我国各民族普遍有用酒祭祀祖先，在丧葬时用酒举行一些仪式的习俗。

人死后，亲朋好友都要来吊祭死者，汉族的习俗是"吃斋饭"，也有的地方称为吃"豆腐饭"，这就是葬礼期间举办的酒席。虽然都是吃素，但酒还是必不可少的。有的少数民族则在吊丧时持酒肉前往，如苗族人家听到丧信后，同寨的人一般都要赠送丧家几斤酒及其大米、香烛等物，亲戚送的酒物则更多些，如女婿要送20来斤白酒、一头猪。丧家则要设酒宴招待吊者。云南怒江地区的怒族，村中若有人病亡，各户带酒前来吊丧，巫师灌酒于死者嘴内，众人各饮一杯酒，称此为

"离别酒"。死者入葬后，古代的习俗还有在墓穴内放入酒，为的是死者在阴间也能享受到人间饮酒的乐趣。汉族人在清明节为死者上坟，必带酒肉。

在一些重要的节日，举行家宴时，都要为死去的祖先留着上席，一家之主这时也只能坐在次要位置，在上席，为祖先置放酒菜，并示意让祖先先饮过酒或进过食后，一家人才能开始饮酒进食。在祖先的灵位前，还要插上蜡烛，放一杯酒，若干碟菜，以表达对死者的哀思和敬意。

重大节日的饮酒习俗 〉

中国人一年中的几个重大节日，都有相应的饮酒活动，如端午节饮"菖蒲酒"，重阳节饮"菊花酒"，除夕夜的"年酒"。在一些地方，如江西民间，春季插完禾苗后，要欢聚饮酒，庆贺丰收时更要饮酒，酒席散尽之时，往往是"家家扶得醉人归"。节日的全新解释是：必须选举一些日子让人们欢聚畅饮，于是便有了节日，而且节日很多，几乎月月都有。代代相传的举国共饮的节日有：

• 春节

春节俗称过年。汉武帝时规定正月初一为元旦；辛亥革命后，正月初一改称为春节。春节期间要饮用屠苏酒、椒花酒（椒柏酒），寓意吉祥、康宁、长寿。

"屠苏"原是草庵之名。相传古时有一人住在屠苏庵中，每年除夕夜里，他给邻里一包药，让人们将药放在水中浸泡，到元旦时，再用这井水对酒，合家欢饮，使全家人一年中都不会染上瘟疫。后人便将这草庵之名作为酒名。饮屠苏酒始于东汉。明代李时珍的《本草纲目》中有这样的记载："屠苏酒，陈延之《小品方》云，'此

华佗方也'。"元旦饮之，辟疫疬一切不正之气。"饮用方法也颇讲究，由"幼及长"。"椒花酒"是用椒花浸泡制成的酒，它的饮用方法与屠苏酒一样。梁宗懔在《荆楚岁时记》中有这样的记载，"俗有岁首用椒酒，椒花芬香，故采花以贡樽。正月饮酒，先小者，以小者得岁，先酒贺之。老者失岁，故后与酒。"宋代王安石在《元旦》一诗中写道："爆竹声中一岁除，春风送暖入屠苏。千门万户曈曈日，总把新桃换旧符"。北周庚信在诗中写道："正朝辟恶酒，新年长命杯。柏吐随铭主，椒花逐颂来"。

26

• 灯节

灯节又称元宵节、上元节。这个节日始于唐代，因为时间在农历正月十五，是三官大帝的生日，所以过去人们都向天宫祈福，必用五牲、果品、酒供祭。祭礼后，撤供，家人团聚畅饮一番，以祝贺新春佳节结束。晚上观灯、看烟火、食元宵（汤圆）。

• 中和节

中和节又称春社日，时在农历二月一日，祭祀土神，祈求丰收，有饮中和酒、宜春酒的习俗，说是可以医治耳疾，因而人们又称之为"治聋酒"。宋代李在诗中写道："社翁今日没心情，为乞治聋酒一瓶。恼乱玉堂将欲遍，依稀巡到等三厅。"据《广记》记载："村舍作中和酒，祭勾芒种，以祈年谷。"据清代陈梦雷纂的《古今图书集成酒部》记载："中和节，民间闾里酿酒，谓宜春酒。"

27

• 清明节

　　清明节时间约在阳历4月5日前后。人们一般将寒食节与清明节合为一个节日，有扫墓、踏青的习俗。始于春秋时期的晋国。这个节日饮酒不受限制。据唐代段成式著的《酉阳杂俎》记载：在唐朝时，于清明节宫中设宴饮酒之后，宪宗李纯又赐给宰相李绛酴酒。清明节饮酒有两种原因：一是寒食节期间，不能生火吃热食，只能吃凉食，饮酒可以增加热量；二是借酒来平缓或暂时麻醉人们哀悼亲人的心情。古人对清明饮酒赋诗较多，唐代白居易在诗中写道："何处难忘酒，朱门羡少年，春分花发后，寒食月明前。"杜牧在《清明》一诗中写道："清明时节雨纷纷，路上行人欲断魂；借问酒家何处有，牧童遥指杏花村。"

• 端午节

端午节又称端阳节、重午节、端五节、重五节、女儿节、天中节、地腊节。时在农历五月五日，大约形成于春秋战国之际。人们为了辟邪、除恶、解毒，有饮菖蒲酒、雄黄酒的习俗。同时还有为了壮阳增寿而饮蟾蜍酒和镇静安眠而饮夜合欢花酒的习俗。最为普遍及流传最广的是饮菖蒲酒。据文献记载：唐代光启年间(885—888)，即有饮"菖蒲酒"事例。唐代殷尧藩在诗中写道："少年佳节倍多情，老去谁知感慨生，不效艾符趋习俗，但祈蒲酒话升平。"后逐渐在民间广泛流传。历代文献都有所记载，如唐代《外台秘要》《千金方》，宋代《太平圣惠方》，元代《元稗类钞》，明代《本草纲目》《普济方》及清代《清稗类钞》等古籍书中，均载有此酒的配方及服法。菖蒲酒是我国传统的时令饮料，而且历代帝王也将它列为御膳时令香醪。明代刘若愚在《明宫史》中记载："初五日午时，饮朱砂、雄黄、菖蒲酒，吃粽子。清代顾铁卿在《清嘉录》中也有记载："研雄黄末、屑蒲根，和酒以饮，谓之雄黄酒"。由于雄黄有毒，人们不再用雄黄兑制酒饮用了。对饮蟾蜍酒、夜合欢花酒，在《女红余志》、清代南沙三余氏撰的《南明野史》中有所记载。

雄黄酒

• 中秋节

中秋节又称仲秋节、团圆节，时在农历八月十五日。在这个节日里，无论家人团聚还是挚友相会，人们都离不开赏月饮酒。文献诗词中对中秋节饮酒的反映比较多，《说林》记载："八月黍成，可为酎酒"。五代王仁裕著的《天宝遗事》记载，唐玄宗在宫中举行中秋夜文酒宴，并熄灭灯烛，月下进行"月饮"。韩愈在诗中写道："一年明

月今宵多，人生由命非由他，有酒不饮奈明何？"到了清代，中秋节以饮桂花酒为习俗。据清代潘荣陛著的《帝京岁时记胜》记载，八月中秋，"时品"饮"桂花东酒"。

• 重阳节

重阳节又称重九节、茱萸节，时在农历九月九日，有登高饮酒的习俗。始于汉朝。宋代高承著的《事物纪原》记载："菊酒，《西京杂记》曰：'戚夫人待儿贾佩兰，后出为段儒妻，说在宫内时，九月九日佩茱萸，食蓬饵，饮菊花酒，云令人长寿'。登高，《续齐谐记》曰：'汉桓景随费长房游学'。谓曰：'九月九日，汝家当有灾厄，急令家人作绢囊，盛茱萸，悬臂登高山，饮菊花酒，祸乃可消'。景率家人登，夕还，鸡犬皆死。房曰，'此可以代人'。"自此以后，历代人们逢重九就要登高、赏菊、饮酒，延续至今不衰。明代医学家李时珍在《本草纲目》一书中，对常饮菊花酒可"治头风，明耳目，去痿，消百病""令人好颜色不老""令头不白""轻身耐老延年"等。因而古人在食其根、茎、叶、花的同时，还用来酿制菊花酒。除饮菊花酒外，有的还饮用茱萸酒、茱菊酒、黄花酒、薏苡酒、桑落酒、桂酒等酒品。历史上酿制菊花酒的方法不尽相同。晋代是"采菊花茎叶，杂秫米酿酒，至次年九月始熟，用之"，明代是用"甘菊花煎汁，同曲、米酿酒。或加地黄、当归、枸杞诸药亦佳"。清代则是用白酒浸渍药材，而后采用蒸馏提取的方法酿制。因此，从清代开始，所酿制的菊花酒，就称之为"菊花白酒"。

其他饮酒习俗

"满月酒"或"百日酒",中华各民族普遍的风俗之一,生了孩子,满月时摆上几桌酒席,邀请亲朋好友共贺,亲朋好友一般都要带来礼物,也有的送上红包。

"寄名酒":旧时孩子出生后,如请人算出命中有克星,多厄难,就要把他送到附近的寺庙里,作寄名和尚或道士,大户人家则要举行隆重的寄名仪式,拜见法师之后,回到家中,就要大办酒席,祭祀神祖,并邀请亲朋好友,三亲六眷,痛饮一番。

"寿酒":中国人有给老人祝寿的习俗,一般在50、60、70岁等生日,称为大寿,一般由儿女或者孙子孙女出面举办,邀请亲朋好友参加酒宴。

"上梁酒"和"进屋酒":在中国农村,盖房是件大事,盖房过程中,上梁又是最重要

的一道工序,故在上梁这天,要办上梁酒,有的地方还流行用酒浇梁的习俗。房子造好,举家迁入新居时,又要办进屋酒,一是庆贺新屋落成,并志乔迁之喜,一是祭祀神仙祖宗,以求保佑。

"开业酒"和"分红酒":这是店铺作坊置办的喜庆酒。店铺开张、作坊开工之时,老板要置办酒席,以志喜庆贺;店铺或作坊年终按股份分配红利时,要办"分红酒"。

"壮行酒",也叫"送行酒",有朋友远行,为其举办酒宴,表达惜别之情。在战争年代,勇士们上战场执行重大且有生命危险的任务时,指挥官们都会为他们斟上一杯酒,用酒为勇士们壮胆送行。

独特的饮酒方式可以加强人与人之间的感情交流。

"转转酒"：这是彝族人特有的饮酒习俗，所谓"转转酒"，就是饮酒时不分场合地点，也无宾客之分，大家皆席地而坐，围成一个一个的圆圈，一杯酒从一个人手中依次传到另一人手中，各饮一口。这个习俗，据说来自一个动人的传说：在一座大山中，住着汉人、藏人和彝人3个结拜兄弟，有一年，三弟彝人请两位兄长吃饭，吃剩的米饭在第二天变成了香味浓郁的米酒，3个兄弟你推我让，都想将酒留给其他弟兄喝，于是从早转到晚，酒也没有喝完，后来神灵告知只要辛勤劳动，酒喝完后，还会有新的酒涌出来，于是3人就转着喝开了，一直喝得酩酊大醉。

独特的饮酒方式 〉

饮咂酒：这是古代遗留下来的独特的饮酒方式，在西南、西北许多地方流传，在喜庆日子或招待宾客时，抬出一酒坛，人们围坐在酒坛周围，每人手握一根竹管或芦管，斜插入酒坛，从其中吸吮酒汁，人数可达五六人甚至七八个人。饮酒时的气氛热烈。这种

饮咂酒

33

酒的别称

杜康：杜康是古代高粱酒的创始人，后世将杜康作为酒的代称。"唯有杜康"出自曹操《短歌行》：何以解忧，唯有杜康。

欢伯：因为酒能消忧解愁，能给人们带来欢乐，所以就被称之为欢伯。这个别号最早出在汉代焦延寿的《易林·坎之兑》，他说，"酒为欢伯，除忧来乐"。

杯中物：因饮酒时，大都用杯盛着而得名。始于孔融名言，"座上客常满，樽（杯）中酒不空"。陶潜在《责子》诗中写道，"天运苟如此，且进杯中物"。

金波：因酒色如金，在杯中浮动如波而得名。张养浩在《普天乐·大明湖泛舟》中写道："杯斟的金浓滟滟"。

秬鬯：这是古代用黑黍和香草酿造的酒，用于祭祀降神。据《诗经·大雅·江汉》记载，"秬鬯一卣"。

白堕：这是一个善酿者的名字。苏辙在《次韵子瞻病中大雪》诗中写道："殷勤赋黄竹，自劝饮白堕"。

冻醪：即春酒。是寒冬酿造，以备春天饮用的酒。据《诗·豳风·七月》记载，"十月获稻，为此春酒，以介眉寿。

壶觞：本来是盛酒的器皿，后来亦用作

34

酒的代称，陶潜在《归去来兮辞》中写道："引壶觞以自酌，眄庭柯以怡颜"。

壶中物：因酒大都盛于壶中而得名。张祜在《题上饶亭》诗中写道："唯是壶中物，忧来且自斟"

醇酎：这是上等酒的代称。

酌：本意为斟酒、饮酒，后引申为酒的代称，如"便酌""小酌"。李白在《月下独酌》一诗中写道："花间一壶酒，独酌无相亲。"

酤：据《诗·商颂·烈祖》记载，"既载清酤，赉我思成。"

● 高贵典雅葡萄酒

葡萄酒是指以新鲜葡萄或葡萄汁为原料，经全部或部分发酵酿制而成。酒精度（体积分数）等于或大于7%的发酵酒产品的生产，包括普通甜葡萄酒、干红干白等平静葡萄酒、发泡和加香料的特种葡萄酒。葡萄酒的品种很多，因葡萄的栽培、葡萄酒生产工艺条件的不同，产品风格各不相同。

历史传说 >

　　古代的波斯是古文明发源地之一。多数历史学家都认为波斯可能是世界上最早酿造葡萄酒的国家。

　　传说古代有一位波斯国王，爱吃葡萄，曾将葡萄压紧保藏在一个大陶罐里，标着"有毒"，防人偷吃。等到数天以后，国王妻妾群中有一个妃子对生活产生了厌倦，擅自饮用了标明"有毒"的陶罐内的葡萄酿成的饮料，滋味非常美好，非但没结束自己的生命，反而异常兴奋，这个妃子又对生活充满了信心。她盛了一杯专门呈送给国王，国王饮后也十分欣赏。自此以后，国王颁布了命令，专门收藏成熟的葡萄，压紧盛在容器内进行发酵，以便得到葡萄酒。

　　随着古代的战争和商业活动，葡萄酒酿造的方法传遍了以色列、叙利亚、小亚细亚阿拉伯国家。由于阿拉伯国家信奉伊斯兰教，而伊斯兰教提倡禁酒律，因而阿拉伯国家的酿酒行业日渐衰萎，几乎被禁绝

了。后来葡萄酒酿造的方法从波斯、埃及传到希腊、罗马、高卢（即法国），葡萄酒的消费习惯也由希腊、意大利和法国传到欧洲各国。由于欧洲人信奉基督教，基督教徒把面包和葡萄酒称为上帝的肉和血，把葡萄酒视为生命中不可缺少的饮料，所以葡萄酒在欧洲国家发展起来，法国、意大利、西班牙成为当今世界葡萄酒的"湖泊"，欧洲国家也是当今世界人均消费葡萄酒最多的国家。欧洲国家葡萄酒的产量占世界葡萄酒总产量的80%以上。此外还有一说为葡萄酒起源于希腊，在此就不赘述了。

> ### 葡萄酒组织

国际葡萄与葡萄酒组织（OIV）是葡萄和以葡萄为基础的产品领域里的政府间科技组织，它根据 1924 年 11 月 29 日建立国际葡萄酒组织的国际协议而创立。根据成员国的决定，国际葡萄酒组织从 1958 年 4 月起使用"国际葡萄与葡萄酒组织"这个名称。

OIV 有 47 个成员国：阿尔及利亚、阿根廷、澳大利亚、奥地利、比利时、玻利维亚、巴西、保加利亚、智利、克罗地亚、塞浦路斯、捷克共和国、丹麦、芬兰、法国、格鲁吉亚、德国、希腊、匈牙利、以色列、意大利、黎巴嫩、卢森堡、马耳他、马其顿、墨西哥、摩洛哥、荷兰、新西兰、挪威、秘鲁、葡萄牙、罗马尼亚、俄罗斯联邦、斯洛伐克、斯洛文尼亚、南非、西班牙、瑞典、瑞士、突尼斯、土耳其、英国、乌克兰、乌拉圭等。

OIV 还包括以下观察员（国家）：爱尔兰；地区或省：魁北克（加拿大）。

中国葡萄酒的起源 ❯

《史记·大宛列传》：西汉建元三年（公元前138年）张骞奉汉武帝之命，出使西域，看到"宛左右以蒲陶为酒，富人藏酒万余石，久者数十岁不败"。随后，"汉使取其实来，于是天子始种苜蓿、蒲陶，肥饶地……"可知西汉中期，中原地区的农民已得知葡萄可以酿酒，并将欧亚种葡萄引进中原了。他们在引进葡萄的同时，还招来了酿酒艺人，自西汉始，中国有了西方制法的葡萄酒人。三国时期的魏文帝曹丕说过："且说葡萄，醉酒宿醒。掩露而食；甘而不捐，脆而不辞，冷而不寒，味长汁多，除烦解渴。又酿以为酒，甘于曲糵，善醉而易醒……"这已对葡萄和葡萄酒的特性认识得非常清楚了。只是葡萄酒仅限于在贵族中饮用，平民百姓是绝无此口福的。

唐朝贞观十四年（公元640年），唐太宗命交河道行军大总管侯君集率兵平定高昌。高昌历来盛产葡萄，在南北朝时，就向梁朝进贡葡萄。《册府元龟970卷》记载："及破高昌收马乳蒲桃，实於

《史记》

苑中种之，并得其酒法，帝自损益造酒成，凡有八色，芳辛酷烈，既颁赐群臣，京师始识其味"。即唐朝破了高昌国后，收集到马乳葡萄放到院中，并且得到了酿酒的技术，唐太宗把技术资料作了修改后酿出了芳香酷烈的葡萄酒，和大臣们共同品尝。这是史书第一次明确记载内地用西域传来的方法酿造葡萄酒的档案，长安城东至曲江一带，俱有胡姬侍酒之肆，出售西域特产葡萄酒。

1915年，张弼士率领"中国实业考察团"赴美国考察，适逢旧金山各界盛会，庆祝巴拿马运河开通，举办国际商品大赛。张就把随身携带的"可雅白兰地""玫瑰香红葡萄酒""琼瑶浆"等送去展览和评比，均获得优胜。后来，"可雅白兰地"改为"金奖白兰地"，一直沿用。

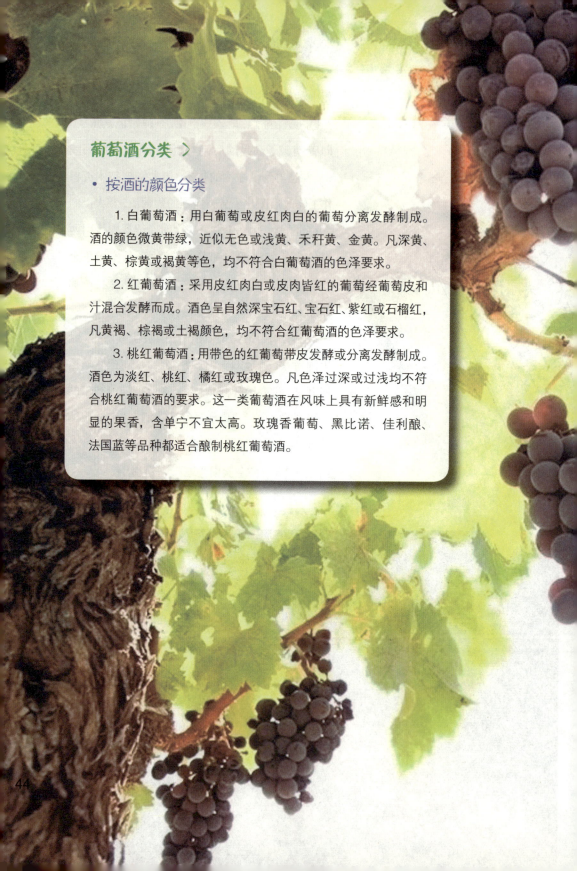

葡萄酒分类 ＞

• 按酒的颜色分类

1. 白葡萄酒：用白葡萄或皮红肉白的葡萄分离发酵制成。酒的颜色微黄带绿，近似无色或浅黄、禾秆黄、金黄。凡深黄、土黄、棕黄或褐黄等色，均不符合白葡萄酒的色泽要求。

2. 红葡萄酒：采用皮红肉白或皮肉皆红的葡萄经葡萄皮和汁混合发酵而成。酒色呈自然深宝石红、宝石红、紫红或石榴红，凡黄褐、棕褐或土褐颜色，均不符合红葡萄酒的色泽要求。

3. 桃红葡萄酒：用带色的红葡萄带皮发酵或分离发酵制成。酒色为淡红、桃红、橘红或玫瑰色。凡色泽过深或过浅均不符合桃红葡萄酒的要求。这一类葡萄酒在风味上具有新鲜感和明显的果香，含单宁不宜太高。玫瑰香葡萄、黑比诺、佳利酿、法国蓝等品种都适合酿制桃红葡萄酒。

• 按含糖量分类

　　1.干葡萄酒：含糖量低于 4g/L，品尝不出甜味，具有洁净、幽雅、香气和谐的果香和酒香。

　　2.半干葡萄酒：含糖量在 4~12g/L，微具甜感，酒的口味洁净、幽雅、味觉圆润，具有和谐愉悦的果香和酒香。

　　3.半甜葡萄酒：含糖量在 12~50 g/L，具有甘甜、爽顺、舒愉的果香和酒香。

　　4.甜葡萄酒：含糖量大于 50g/L，具有甘甜、醇厚、舒适、爽顺的口味，具有和谐的果香和酒香。

汽酒

• 按含不含二氧化碳分类

1. 不含有自身发酵或人工添加 CO_2 的葡萄酒叫静酒，即静态葡萄酒。

2. 起泡酒和汽酒是含有一定量 CO_2 气体的葡萄酒，又分为两类：

①起泡酒：所含 CO_2 是用葡萄酒加糖再发酵产生的。在法国香槟地区生产的起泡酒叫香槟酒，在世界上享有盛名。其他地区生产的同类型产品按国际惯例不得叫香槟酒，一般叫起泡酒。

②汽酒：用人工的方法将 CO_2 添加到葡萄酒中叫汽酒，因 CO_2 作用使酒更具有清新、愉快、爽怡的味感。

46

• 按酿造方法分类

1. 天然葡萄酒：完全采用葡萄原料进行发酵，发酵过程中不添加糖分和酒精，选用提高原料含糖量的方法来提高成品酒精含量及控制残余糖量。

2. 加强葡萄酒：发酵成原酒后用添加白兰地或脱臭酒精的方法来提高酒精含量，叫加强干葡萄酒。既加白兰地或酒精，又加糖以提高酒精含量和糖度的叫加强甜葡萄酒，我国叫浓甜葡萄酒。

3. 加香葡萄酒：采用葡萄原酒浸泡芳香植物，再经调配制成，属于开胃型葡萄酒，如味美思、丁香葡萄酒、桂花陈酒；或采用葡萄原酒浸泡药材，精心调配而成，属于滋补型葡萄酒，如人参葡萄酒。

4. 葡萄蒸馏酒：采用优良品种葡萄原

酒蒸馏，或发酵后经压榨的葡萄皮渣蒸馏，或由葡萄浆经葡萄汁分离机分离得的皮渣加糖水发酵后蒸馏而得。一般再经细心调配的叫白兰地，不经调配的叫葡萄烧酒。

白兰地

• 按酒精含量分类

1. 软饮料葡萄酒（或无泡酒）：分红、白两色。这类酒被称为桌酒，酒精含量为14度以下。

2. 起泡葡萄酒：产地有香槟、勃艮第、英塞儿、美国等，酒精含量不超过14度。

3. 加强葡萄酒／加度葡萄酒：种类有些厘／雪莉、钵堤／波特、马得拉、马沙拉（MARSALA）、马拉加等，酒精含量14~24度。

4. 加香料葡萄酒：有意大利和法国产的红、白威末酒，以及有奎宁味的葡萄酒等，酒精含量15.5~20度。

雪莉酒

• 按葡萄来源分为：

1. 家葡萄酒：以人工培植的酿酒品种葡萄为原料酿成的葡萄酒，产品直接以葡萄酒命名。国内葡萄酒生产厂家大都以生产家葡萄酒为主。

2. 山葡萄酒：以野生葡萄为原料酿成的葡萄酒，产品以山葡萄酒或葡萄酒命名。山葡萄又名野葡萄，是葡萄科落叶藤本。山葡萄喜生于针阔混交林缘及杂木林缘，在长白山海拔200～1300米间经常可见，主要分布于吉林省安图、抚松、长白等长白山区各县。果熟季节，串串圆圆晶莹的紫葡萄掩映在红艳可爱的秋叶之中，甚为迷人。山葡萄含丰富的蛋白质、碳水化合物、矿物质和多种维生素，生食味酸甜可口，富含浆汁，是美味的山间野果。山葡萄是酿造葡萄酒的原料，所酿的葡萄酒酒色深红艳丽，风味品质甚佳，是一种良好的饮料。

• 按葡萄汁含量分:

    1. 全汁葡萄酒,是100%葡萄汁酿制而成,以干红和干白为代表。

    2. 半汁葡萄酒,半汁葡萄酒在国内虽然有一定的市场,在国际市场上却无容身之地。

葡萄酒的酿造流程 >

葡萄的采摘日期是根据葡萄籽粒的成熟度来决定的。葡萄的酸度随着成熟减少,而保持它的糖分和鞣酸的增加。适当的酸度和酒精度的平衡体现了葡萄酒的特性,在采摘完全成熟的葡萄之前,人们要在得到好的质量和如果遇到坏天气葡萄会发生腐烂之间冒风险。当希望控制采摘的质量,或为了一种特殊的酿造结果,就需要采用手工采摘葡萄。为了提高葡萄自身的含糖量,有时要进行晾晒,这样会减少它的酒精含量,但提高了保存期。在法国汝拉(Jura)省,人们总是把葡萄酒称为麦秸酒,这是因为葡萄在榨汁之前是先放在麦秸上晾晒的。

• 红葡萄酒

　　总体说来，红葡萄酒的酿制与白葡萄酒类似，只是在发酵时要让葡萄果皮、果肉、果核在一起共同进行。持续发酵时间由几天到3周不等，从而使葡萄酒得到酒味、香味和深红的颜色。将葡萄皮分离出去，监视着它继续在酿酒桶中发酵。直到装瓶前，葡萄酒在橡木桶和酿酒罐中不断地成熟。具体过程如下：

　　第一、去梗，也就是把葡萄果粒从梳子状的枝梗上取下来。因枝梗含有特别多的单宁酸，在酒液中有一股令人不快的味道。

　　第二、压榨果粒。酿制红酒的时候，葡萄皮和葡萄肉是同时压榨的，红酒中所含的红色色素，就是在压榨葡萄皮的时候释放出的。就因为这样，所有红酒的色泽才是红的。

　　第三、榨汁和发酵。经过榨汁后，就可得到酿酒的原料——葡萄汁。有了酒汁就可酿制好酒，葡萄酒是通过发酵作用得的产物。经过发酵，葡萄中所含的糖分会逐渐转化成酒精和二氧化碳。因此，在发酵过程中，糖分越来越少，而酒精度则越来越高。通过缓慢的发酵过程，可酿出口味芳香细致的红葡萄酒。

51

• 白葡萄酒

白葡萄酒：普通白葡萄酒习惯上使用纯正、去皮的白葡萄经过压榨、发酵制成，但是也可以使用紫葡萄，只是在压榨的过程中要更仔细。尚未发酵的葡萄汁要经过沉淀或过滤，发酵槽的温度要比制作红酒低一些，这样做的目的是为了更好地保护白葡萄酒的果香味和新鲜口感。具体过程如下：

1. 一旦采摘开始，葡萄就应尽快送到酿酒场地，所使用的葡萄都不要被挤破。

2. 将葡萄珠分离出，除去果枝、果核，然后在榨出的汁内放入酵母。

3. 为了更好地保存白葡萄的果香，在发酵前让葡萄皮浸泡在果汁中 12 到 48 小时。

4. 使用水平的葡萄压榨机，制成的白葡萄酒更鲜更香。压榨的过程要快速进行，以防止葡萄的氧化。

- 酒曲的获取和保留

　　水果酒酿制过程中，为了加快酒的发酵速度，酒曲是很重要的一环。在家庭酿造葡萄酒的时候，第一次发酵后容器底部的白色沉淀，可以收集并保留，成为下次酿造葡萄酒的酒曲；该酒曲也可以用作酿造其他水果酒。

- 香槟与起泡酒

　　起泡酒中著名的香槟，是由普通的白葡萄酒经过第二次发酵获得泡沫装瓶制成的。在最终装瓶之前，在酒中加入能够引起泡腾的糖和酵母，用这种方法制成的酒也称为香槟类酒。陈酿葡萄酒沉淀放置最少1年，陈酿香槟酒要沉淀放置最少10年。晃动和排气是制造香槟的必需工序。香槟酒可能放在不同容量的瓶内：1/4瓶装的，1/2瓶装的，75毫升标准瓶的，还有150毫升直至1500毫升不等的。制作香槟酒的工艺称为传统工艺，用这种方法在世界各地都可以酿出同样高质量的起泡酒。

53

葡萄酒产地 〉

大约从公元前1100年起，源自中亚高加索山脉的葡萄酒传到意大利、法国和西班牙这些最后成为真正原产家园的国家。我们把这些拥有悠久酿酒历史的传统葡萄酒生产国称作"旧世界国家"，也就是欧洲版图内的葡萄酒产区。

法国葡萄园

旧世界国家主要包括位于欧洲的传统葡萄酒生产国，如法国、意大利、德国、西班牙和葡萄牙以及匈牙利、捷克斯洛伐克等东欧国家。它们大多位于北纬20～52度之间，拥有十分适合酿酒葡萄种植的自然条件。冬暖夏凉、雨季集中

于冬春而夏秋干燥的气候以及优质的土壤等自然条件，让这些国家在葡萄酒种植和酿造上占有先天的优势。从法国、意大利、西班牙3国葡萄酒年产量近乎占世界葡萄酒生产总量的60%便可见一斑。

在酿酒历史悠久而又注重传统的旧世界产区，它们崇尚传统，从葡萄品种的选择到葡萄的种植、采摘、压榨、发酵、调配到陈酿等各个环节，都严守详尽而牢不可破的规矩，尊崇着几百年乃至上千年的传统，甚至是家族传统。旧世界葡萄酒产区必须遵循政府的法规酿酒，每个葡萄园都有固定的葡萄产量，产区分级制度严苛，难以更改，用来酿制销售的葡萄酒更只能是法定品种。正由于处

处受法规的检验，旧世界葡萄酒才一直深受大众肯定与喜爱。

工业革命以后，世界经济加速发展，迫使人们开始探索欧洲之外的广大土地。世界的探索活动在促进全世界的交流与融合之时，也为葡萄酒的发展开辟了另一番新天地。哥伦布发现新大陆之后，欧洲强国开始大肆进行殖民扩张。随着殖民的扩张，欧洲新移民潮带到当地种植的欧洲葡萄品种，传抵至南美洲，进而到达了如今的美国、新西兰等地。葡萄酒产区一直蔓延到我们所谓的"新世界国家"。

新世界国家以美国、澳大利亚为代表，还有南非、智利、阿根廷和新西兰等欧洲之外的葡萄酒新兴国家。著名的产区有美国的加州，其精华区为纳帕谷，该区所产的顶级Cabernet Sauvignon红酒，在两度美法顶级酒盲品对决中打败法国顶级酒，让美国酒因此而声名大噪。还有凭借结冰葡萄酿制的冰酒而闻名全球的加拿大以及源自法国罗讷河谷而在澳大利亚发扬光大的西哈葡萄酿造的澳大利亚葡萄酒等。

有机种植是新世界酒庄的一个趋势。

更为关键的是，新世界不仅仅新，它也一直在努力变化。从产业化的生产模式，到精耕细作的家族式经营，从模仿旧世界的酿造工艺，到开发因地制宜的发酵技术……这些变化也让越来越多的目光开始投向这些新兴葡萄酒产酒国。

当然，这并不意味着新世界产酒国是无规可循的。虽不像法国等欧洲国家从法律上对葡萄酒的等级进行划分，但新世界国家也有自己的分级制度。比如美国，其在借鉴原产地概念的基础上，根据本国葡萄酒发展的实际情况，制定了符合自身需求的美国葡萄酒产地（AVA）制度。AVA产地制度，成功保护和规范了葡萄酒生产。需要说明的是，虽然产业化在新世界国家也许是普遍存在的一个现象，但这并不代表全部。在一些著名的

与旧世界国家产区相比，新世界产区生产国更富有创新和冒险精神，肩负着以市场为导向的目标。新世界酒庄是消费主义文化，大多轻松直白，果香在开瓶之际就浓重而澎湃。其实，在很多细节上都可以感受到新世界葡萄酒的新意，甚至能够在新世界葡萄酒的酒瓶上看到漫画和三维标签。再比如，国际市场不仅有传统的玻璃瓶包装，还有新世界葡萄酒罐头包装和利乐包装的现象。而对于精品葡萄酒，包装上的差别也开始有了一个新的趋势。以前一般都是使用传统的软木塞，而越来越多的酒商尤其是新世界的酒商，开始采用螺旋塞。另外，采用

优质产区，各个酒庄对酿制流程和工艺上的要求甚至比旧世界国家还要严格。比如在美国纳帕谷，采用人工采摘葡萄的酒庄就有很多，在第一时间过滤掉不好的葡萄，保证酿造的品质。同时，因为纳帕谷在1986年就已经成为了美国第一块农业保护区，因此它拥有全世界葡萄酒产区范围内最全、最严格的土地使用和环境保护规则。

意大利葡萄园

如何鉴赏葡萄酒 〉

• 色泽

1. 白葡萄酒颜色：近似无色、禾杆黄色、绿禾杆黄色、暗黄色、金黄色、琥珀黄色、铅色、棕色。

2. 红葡萄酒颜色：宝石红、鲜红、深红、暗红、紫红、瓦红、砖红、黄红、棕红、黑红等。

3. 桃红葡萄酒颜色：黄玫瑰红、橙玫瑰红、玫瑰红、橙红、洋葱皮红、紫玫瑰红。

如果葡萄酒的颜色不自然，或者葡萄酒上有不明悬浮物（瓶底的少许沉淀是正常的结晶体），说明葡萄酒已经变质了，因为酒质变坏时颜色有混浊感。

• 香味

1. 香气分类：动物气味、香脂气味、烧焦气味、化学气味、香料气味、花香、果香、植物与矿物气味。

2. 香气词汇：令人舒适、和谐、优雅、馥郁、别致、绵长、浓郁、完整、纯正、纯净、完好、明快。

如果葡萄酒有指甲油般呛人的气味，就意味着变质了。

• 口味

1. 葡萄酒结构词汇：丰满、有骨架、完全、浓重、有结构感、厚实、流畅、滑润、柔和、柔软、圆润、融合、肥硕。

2. 酒精词汇：醇厚、淡弱、瘦薄等。

3. 酸词汇：爽利、清新。

4. 单宁词汇：结构感强、充沛、味长等。

饮第一口酒，酒液经过喉头时，正常的葡萄酒是平顺的，问题酒则有刺激感；咽酒后，残留在口中的气味有化学气味或臭气味，则不正常；好葡萄酒饮用时应该令人神清气爽。

- ### 外观

看酒瓶标签印刷是否清楚，是否仿冒翻印；酒瓶的封盖是否有异样，有没有被打开过的痕迹；酒瓶背面标签上的国际条形码是否以 3 字打头，法国的国际码是 3；酒瓶背面标签上是否有中文标识。根据我国法律，所有进口食品都要加中文背标，如果没有中文背标，有可能是走私进口，则质量不能保证。

- ### 标识

打开酒瓶，看木头酒塞上的文字是否与酒瓶标签上的文字一样。在法国，酒瓶与酒塞都是专用的。

59

如何品酒 ❯

品酒不是猜酒，更不是比酒。品酒乃是运用感官及非感官的技巧来分析酒的原始条件及判断酒的可能变化，客观独立的思考技巧，是取决品酒准确与否的重要关键。

• 时间

最佳的试酒、品酒时间为上午 10 点左右。这个时间不但光线充足，而且人的精神及味觉也较能集中。

• 杯子

品尝葡萄酒的杯子也是有讲究的，理想的酒杯应该是杯身薄、无色透明且杯口内缩的郁金香杯。而且一定要有 4-5 厘米长的杯脚，这样才能避免用手持拿杯身时，手的温度间接影响到酒温，而且也方便观察酒的颜色。

• 次序

若同时品尝多款酒时，应该要从口感淡的到口感重的，这样才不会因为前一种酒的浓重而破坏了后一种酒的味道，所以，一般的原则是干白葡萄酒会在红葡萄酒之前，甜型酒会在干型酒之后，新年份在旧年份之前。不过，也应该避免一次品尝太多的酒，一般人超过 15 种以上就很难再集中精神了。

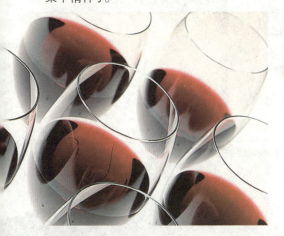

• 温度

品尝葡萄酒时，温度是非常重要的一环，若在最适合的温度饮用时，不仅可以让香气完全散发出来，而且在口感的均衡度上，也可以达到最完美的境界。通常红葡萄酒的适饮温度要比白葡萄酒来得高，因为它的口感比白酒来得厚重，所以需要比较高的温度才能引出它的香气。因此，即使只是单纯的红葡萄酒或白葡萄酒，也会因为酒龄、甜度等因素而有不同的适饮温度。

饮酒规则 >

　　葡萄酒，一般是在餐桌上饮用的，故常称为佐餐酒。在上葡萄酒时，如有多种葡萄酒，哪种酒先上，哪种酒后上，有几条国际通用规则：先上白葡萄酒，后上红葡萄酒；先上新酒，后上陈酒；先上淡酒，后上醇酒；先上干酒，后上甜酒。

　　不同的葡萄酒饮用方法不同。味美思又叫开胃葡萄酒，餐前喝上一杯，可引起唾液和胃液的分泌，增进食欲。干葡萄酒又叫佐餐葡萄酒，顾名思义，是边吃边喝的葡萄酒。甜葡萄酒又叫待散葡萄酒，

在宴会结束之前喝一杯，会使你回味不绝，心满意足。而在宴会高潮的时候，开一瓶香槟酒，单单清脆响亮的启瓶声就可增加宴会的热烈气氛和酒兴。

白兰地是一种高雅庄重的蒸馏酒。宴会桌上摆上白兰地，可突出和显示宴会的隆重。白兰地在餐前、餐中、餐后（国外多在餐后饮用）都可饮用。茶水和白兰地中又都含有一定数量的单宁，两者混合饮用，既能直接把烈性酒转化为低度饮料，又能保持白兰地的色、香、味，给人以美的享受。

63

怎么保存葡萄酒 ＞

　　若想将葡萄酒（木塞瓶装）长期储存，最好能做到平放、恒温、恒湿、通风、避光、避震。而橡胶塞、螺旋盖的葡萄酒却有小小的区别。

● 平放

　　葡萄酒以平放摆置较理想，这样才能让软木塞和葡萄酒接触到，以保持它的湿润度，否则若将酒直放，时间太久的话，会使软木塞变得干燥易碎，而无法完全紧闭瓶口，造成葡萄酒的氧化。

● 恒温

　　葡萄酒贮藏环境的温度，最好维持在12~15℃的恒温状态比较好，若温度变化太大，不仅会破坏葡萄酒的酒体，在冷缩热胀的作用下，还会影响到软木塞而造成渗酒的现象。所以，若贮酒环境能够维持在5-20℃的某一温度下，保持 ±2℃的变化内，也都是比较理想的。

　　然而在夏天高温的时候，没有任何辅助条件（恒温柜、地窖等）的情况下，应让葡萄酒的储存恒定在一个温度上，如26℃，保持 ±2℃的变化内，这样也能保证几个月内葡萄酒的品质没有太大的影响。家里有葡萄酒存放时，对空调的使用是应该注意的。

- 恒湿

若贮酒环境太湿，容易造成软木塞及酒标的腐烂，太干则容易使软木塞失去弹性，无法紧封瓶口，所以 70% 左右的湿度，是最佳的贮酒环境。

- 通风

葡萄酒像海绵一样，会将周围的味道吸到瓶里去，所以在贮酒环境中，最好能保持通风状态，而且也不要在同一个环境中摆放味道太重的东西，以免破坏了酒的味道。

- 避光

贮酒的环境，最好不要有任何光线，否则容易使酒变质，特别是日光灯容易让酒产生还原变化，而发出浓重难闻的味道。

- 避震

震动对于葡萄酒的影响是难以捉摸的，细微的震动可忽略不计，剧烈的震动则会让葡萄酒陷入休克状态，葡萄酒内部的分子结构遭到破坏，加速酒的成熟易老化，使酒的口感呆板，杂乱无章。有过较强震荡的葡萄酒经过一段时间的静置，一般均可恢复之前的口感。

通常情况下，经长途运输的葡萄酒须经过两天以上的静置才能恢复正常品质。

福布斯公布世界上最贵的葡萄酒

最贵的标准瓶装葡萄酒

1787 年拉斐酒庄葡萄酒，1985 年伦敦佳士得拍卖行售出，售价 16 万美元。现陈列于福布斯收藏馆，瓶身蚀刻有杰斐逊总统的姓名缩写。

最贵的大瓶装葡萄酒

大瓶装（5 升佳酿）摩当豪杰酒庄葡萄酒，1945 年产，这一年被公认为是 20 世纪最好的酿酒年份之一。1997 年伦敦佳士得拍卖行售出，售价 11.4614 万美元。按照惯例，买家的身份未被公开，但如果他哪天打算试品佳酿，请他一定别忘了，不少人随时愿意为这瓶宝贝做一下"专家鉴定"的。

最贵的加烈葡萄酒

这瓶加烈葡萄酒由马桑德拉酒厂藏酿，1775 年份雪利酒。2001 年伦敦苏富比拍卖行售出，售价 4.35 万美元。马桑德拉葡萄酒酿造厂位于克里米尔，距离雅尔塔 4 千米，被公认为是沙皇俄国时代最好的酒厂。它的酒窖里收藏了上百万瓶俄罗斯葡萄酒和西欧葡萄酒。其中一些俄罗斯葡萄酒还刻有皇室封印。其中年份最久的就是这瓶雪利酒。

最贵的白葡萄酒

1784 年份迪琴酒庄白葡萄酒，1986 年伦敦佳士得拍卖行售出，售价 5.6588 万美元。酒瓶上也刻有杰斐逊的姓名缩写。

最贵的干白葡萄酒

7 支罗马康帝酒庄 1978 年份蒙塔榭酒。2001 年纽约苏富比拍卖行售出，售价 16.75 万美元，即每支 2.3929 万美元。

最贵的单支勃艮第红酒

罗马康帝酒庄 1990 年份勃艮第红酒，6 夸脱大瓶装。2002 年纽约扎奇拍卖行售出，售价 6.96 万美元，折合每标准瓶容量 5800 美元。

最贵的批售勃艮第葡萄酒

罗马康帝酒庄 1985 年份一套 7 支美杜莎拉酒，总容量 6 升，相当于 8 标准瓶。1996 年伦敦苏富比拍卖行售出，售价 22.49 万美元。

最贵的美国葡萄酒

3 支 1994 年份鹰鸣酒。2000 年洛杉矶佳士得拍卖行售出，售价 1.15 万美元，即单支 3833 美元。

第二大果酒——苹果酒

苹果酒是以苹果为主要原料，经破碎、压榨、低温发酵，陈酿调配而成的果酒。苹果酒（从英语音译也叫"西打酒"Cider）是世界第二大果酒，产量仅次于葡萄酒，苹果内主要含果糖，苹果酒酒精含量低，只有2%—8%，有甜味，果味浓，适口性强。苹果是异花授粉植物，必须大片种植，产量大。苹果酒传统产区主要位于英国南部和法国东北诺曼底不适宜种植葡萄的地方，目前许多国家开始生产苹果酒，现代澳大利亚的苹果酒产量迅速上升，已成为世界最大的苹果酒产地，中国近几年也开始生产苹果酒。有的苹果酒含气。

苹果酒的分类 〉

- ### 发酵苹果酒

在美国又叫硬苹果汁，在英国、法国、澳大利亚等国叫苹果酒。根据加工方法和产品的特点可将苹果酒分为发酵苹果酒、气酒和露酒等几种。发酵苹果酒是用苹果汁发酵菌发酵酿制而成。气酒是含二氧化碳的苹果酒，又称发泡酒。露酒一般是用食用酒精浸泡果实或与果汁配制而成。

- ### 起泡甜苹果酒

它是将苹果汁发酵至刚起泡，其中酒精含量（体积含量）在1%以下，发酵是在封闭的容器内进行的，过滤、灌装也是在封闭系统内完成，以免发酵产生的二氧化碳气逸出。酒中二氧化碳的压力一般达到0.2～0.3Mpa。

起泡甜苹果酒

- ### 起泡苹果酒

它含有二氧化碳气体，但没有将发酵时所产生的二氧化碳全部保留下来。酒精含量较前一种苹果酒高，为3.5%，含糖量低。

- ### 甜苹果酒

苹果汁在敞开的容器内经半发酵而成，是非起泡酒，当发酵到相当密度为1.020～1.025时，用杀菌或冷却的方法停止发酵。它也可由全发酵的苹果酒（干苹果酒）内加糖或经杀菌的未发酵苹果汁制成。

- 干苹果酒

它是一种全发酵的苹果酒，一般叫作硬苹果酒。将苹果汁发酵，直至其比重达到1.005为止。它与非起泡的葡萄酒相似，但其酒精含量6%～7%，而葡萄酒内的酒精含量为7%～14%。

- 苹果气酒

各种苹果酒充入商业出售的二氧化碳气，即为气酒或叫碳酸苹果酒。对于苹果酒而言，二氧化碳压力为0.28～0.35Mpa。

- 香槟型苹果酒

香槟起源于法国的一个旧省名——香槟，法国的酒法规定，香槟必须是香槟制造的含二氧化碳白葡萄酒，而其他地区生产的相同质量的酒则称为起泡酒。香槟型苹果酒的制造与香槟类似，酒中的二氧化碳压力为0.5～0.6Mpa。

苹果酒的营养成分 〉

苹果酒是以苹果为主要原料，它包含苹果与生物发酵所产生的双重营养成分，人体所需的氨基酸，以及苹果酒特有的果类酸；能够帮助人体代谢，维持平衡。苹果中还含有钙、镁等众多矿物质，能帮助人体消化吸收，维持人的酸碱平衡，控制体内平衡。

苹果酒的饮食文化 〉

苹果酒作为一种饮料，在世界上已经有很长的历史。

诺曼征服时期的英国，就有了苹果酿酒的历史。诺曼征服之后，英格兰寺院中开始有了关于苹果酒的确切记载。在肯特郡、萨默塞特和汉普郡等这些主要的苹果种植区，多数庄园有自己的压榨设备，并且能够酿制出自己的苹果酒。寺院还定期向公众出售他们的产品。在公元1367年Sussce的记录中，就有3吨苹果酒卖55先令的史料。中世纪时期，在肯特郡苹果酒的酿制已经成为一个很重要的行业。亨利二世在位时，肯特郡的酿酒作坊就因为生产的加香苹果酒而闻名遐迩。苹果酒的生产和消费在欧洲、美洲和澳大利亚等葡萄酒生产国家已经非常普及。苹果酒成为列葡萄酒之后的一大饮料酒种。在法国苹果酒的年产量约为30万吨，仅诺曼底地区年产万吨以上的苹果酒厂就有6个，"Cider"在英国年产量1996年高达52.8万吨，24%的消费者饮用苹果酒。据有关资料介绍，美国1997年干型苹果酒的消费有370万加仑，到2000年底的苹果酒消费则达到了1100万加仑。

　　新中国成立以后，中国的酿酒技术有了长足的进步，果酒生产也有了很大的发展。苹果酒作为果酒中佼佼者也曾有过短暂的辉煌。在1963年、1979年和1984年全国评酒会上，辽宁的熊岳苹果酒被评为国家优质酒。此外，辽宁瓦房店酿酒厂生产的"高级苹果酒"和四川江油酒厂生产的苹果酒也曾获得省优和部优称号。1981年，一种半甜型的起泡酒——烟台苹果香槟在胶东半岛问世，标志着我国苹果酒的开发迈上了一个新的台阶。葡萄酒热的兴起，也带动了果酒业的发展，产生了一批档次较高的果酒产品。这类高档果酒的开发一方面是市场需求的结果，另一方面也反映了中国酿酒技术的提高，标志着中国果酒业的发展又进入了一个新的繁荣时期。

果酒产地 >

• 法国

法国生产苹果酒到目前已有 800 多年的历史，产品主要有（西打酒），（伯姆酒）和（卡尔瓦多斯酒）。产区主要集中在诺曼底和布列塔尼地区，这些产品销往世界各地，并且享有一定的声誉。法国的苹果酒应用的新技术并非很多，也不像我们想象的有多先进，一般都是延续着传统的工艺，但他们在选择原料、酿造技术上确有自己的独到之处，很值得我们借鉴。在法国用于酿酒的苹果品种有 800 多种，常见的有 500 多种，用于酿酒的品种不可鲜食。根据苹果的含酸量大体将苹果分为两类。酸度 ≥ 3g/L（H₂SO₄）为酸苹果，酸度 ≤ 3g/L（H₂SO₄）的苹果；又按单宁含量不同分为甜苹果、甜苦苹果、苦苹果。制作苹果酒的酿酒师一般采用混合品种发酵，极少进行单品种发酵。

阿根廷

在阿根廷，果酒是到目前为止圣诞节或新年期间最为畅销的含酒精碳酸饮料。传统意义上的理解认为，这都是选用的中低端果汁，而高端果汁则制成了香槟酒供圣诞节或新年酒会饮用。流行的商业品牌有 Cortesía', Real, La Victoria, Del Valle, La Farruca 和 RamaCaída。市面上销售的通常是 0.72 升玻璃瓶或塑料瓶装果酒。

• 加拿大

魁北克果酒被认为是传统的酒精饮料。通常用 750 毫升的瓶灌装销售，酒精度一般在 7% 到 13% 之间（开胃酒的酒精度可以达到 20%），可以取代葡萄酒。但是在英国统治早期，果酒制造是被禁止的，因为它直接与已有的英国酿酒商利益相冲突（最著名的是约翰·摩尔松）。最近几年，市面上出现了一种独特的果酒：冰果酒。这种果酒由苹果制成，所用苹果要求是自然霜冻后含糖度高的品种。

在安大略省，果酒或苹果酒经常是家酿的。果酒在英属哥伦比亚地区、新斯科舍省，以及新不伦瑞克省和安大略地区得到了商业性生产（有大大小小的生产商），这些酒的酒精度是 7%。售卖的是 341 毫升的玻璃瓶装酒和 2 升的塑料瓶果酒。通常情况下不会额外加糖。

• 东亚地区

日本的果酒指的是一种类似于雪碧的软饮料，或是类似于英国的柠檬水。朝日公司生产的三津谷果酒非常流行，用 PET 瓶装方便储运，听装果酒供自动售货机销售。

韩国销售的果酒和日本一样，但是在制作过程和包装形式上有所不同。在韩国，乐天公司生产的果酒 Chilsung Cider 最流行，主要在便利店和当地旅馆进行销售。

中国流行的饮料叫"苹果醋"，其实是一种果酒。这种饮料在饭店和超市均有销售。和其他饮料及佐餐葡萄酒相比，这种饮料很昂贵。

芬兰

在芬兰，果酒作为最常见的饮品之一，排在啤酒之后。最著名的品牌是（金惜），发泡和（阿普西打）。都是典型的酒精度在4.5%—4.7%的果酒。实际上，所有的芬兰果酒都采用发酵苹果（或梨）汁生产，口味集中在森林莓和大黄、香草味之间。

• 爱尔兰

在爱尔兰，果酒是非常流行的饮料。长期以来，官方通过优惠的税收政策鼓励并支持果酒生产。单一品牌的果酒（布尔默斯）占据了爱尔兰的销售市场，该品牌属于C&C公司，由位于蒂伯雷利的柯南梅尔有限公司生产，直到1949年为止，爱尔兰的Bulmers与英国（布尔默斯）果酒一直有着历史渊源。C&C公司在爱尔兰共和国外还拥有自己的品牌（马格纳斯）。在爱尔兰，加冰果酒很受欢迎，广告中也有广泛宣传。（辛德娜）是（马格纳斯）的无醇果酒，是爱尔兰非常受欢迎的软饮料，曾经是C&C公司的品牌。

• 意大利

在意大利北部苹果生产区，果酒酿造曾经非常广泛。但是法西斯统治期间出现了显著下滑，原因是禁止工业生产含酒精饮料法律的颁布，该法律规定，果酒饮料酒精度不得超过7%，目的是为了保护葡萄酒制造商。虽然现行的法律法规有利于果酒制造商，但是生产还仅仅局限于阿尔卑斯山少数地区，主要分布在特伦蒂诺地区和皮埃蒙特，这里因香肠（pomada）苹果酒而著名，因为传统酿造工艺是把苹果放在橡木桶里和葡萄渣一起发酵，形成一种特有的似红非红的颜色。在税收上和其他饮料没什么区别。很多意大利人都不知道还有果酒，这使得在意大利的很多地方，果酒变得不一样，也很难找到可以喝果酒的地方。

• 墨西哥

在墨西哥只有两种果酒出售。一种是流行的苹果味的碳酸饮料，和大量其他品牌的软饮料一起销售，比如Sidral Mundet 和 Manzana Lift（这两种都是可口可乐公司品牌）。另外一种是含醇果酒，这是一种发泡酒，使用香槟酒瓶灌装销售，其酒精度和啤酒差不多。由于进口香槟酒成本太高，在墨西哥除夕酒会上，果酒有时也用作香槟酒的替代品，因为它也是一种带水果味的甜饮料。但是，现在果酒主要用于平安夜和家人聚会，而香槟酒则用于新年期间和朋友饮用。果酒饮料在墨西哥含醇饮料市场占据的份额较小，2009年销售才达到3800万升。

• 西班牙

西班牙北部几个地区有着果酒酿造和饮酒传统，主要是在阿斯图里亚斯公国和

巴斯克地区。

果酒在巴斯克地区流行已经有几百年历史了。19世纪，在比斯卡亚、阿瓦拉省，和纳瓦拉果酒更加流行，而且吉普斯夸省的果酒文化仍然很浓厚。从20世纪80年代开始，政府和烹饪协会共同努力，要改变巴斯克地区的这种文化。不管是喝瓶装酒还是在果酒屋都可以喝醉，而且果酒屋的果酒是从橡木桶里放出来的。虽然很多果酒屋都位于吉普斯夸省的北部，但是在吉普斯夸（位于纳瓦拉和北巴斯克的西北部）都可以找到果酒。

品酒会在吉普斯夸的巴斯克省是非常流行的，巴斯克省沿街分布着酒架，直到存货卖空之前，人们都可以用低廉的价格买到各种品牌的果酒。

但是西班牙最大的果酒生产商是大西洋地区的阿斯图里亚斯，其产量超过了西班牙总产量的80%。阿斯图里亚斯地区的果酒消费标准是每人每年54升，也许在任何欧洲地区都是最高的。比如，西班牙最著名的果酒是"歌笛兰"，这是一种发泡酒，更具有法国风味。这种果酒，味甜，而且泡沫非常丰富。与传统工艺生产的果酒不同，这种果酒更像兰布鲁斯格酒。最近，在旧煤矿地区开始了一种新的苹果树栽培技术，这些煤矿在阿斯图里亚斯曾经起到过重要的作用。

• 英国

在英国，虽然果酒总是与英国西南各郡、赫里福郡以及乌斯特郡联系在一起，但是威尔士和英格兰地区也生产果酒，尤其是肯特郡、萨福克郡。两个果酒酿造农场都位于诺福克郡和柴郡。市面上的果酒带有甜味，主要是中度和干度酒。最近几年，在英国果酒贩卖出现了井喷现象。英国国家果酒制造商协会估计，最少活跃着 480 多家果酒制造商。从 2008 年开始，在英国果酒产量中，61.9% 的果酒来自欧盟，英国份额占 7.9%。

• 美国

殖民时代的美国，苹果酒被当作就餐时的主要原料，因为饮用水经常不安全。淡苹果汁是一种由果酒渣生产的轻度的酒精饮料，在当时也可以买到。禁酒令颁布后一段时间，果酒一词指的是没有过滤、没有发酵的苹果汁。在当今社会，这个术语指的既是压榨的新鲜果汁，也是发酵产品，虽然发酵产品也被称之为苹果酒。同时，苹果汁指的是透明、过滤和消毒后的苹果产品。

例如，在宾夕法尼亚州，法律上可以把苹果酒定义为"一种通过压榨苹果产生的果汁，应该是琥珀色，不透明，未经过发酵处理，而且完全不含酒精。"假如在标签上使用了仿果酒字样，那么至少一半以上的文字应该用来描述其口味。仿果酒产品含有自然或人工色素和香精，色素和香精通常认为是安全的。酒精度超过 0.15% 的苹果汁可以划到果酒行列。

果酒还可以指代过滤发泡酒，比如"马提内利"发泡酒，曾经被宣称为"非酒精果酒"以招徕顾客。依照地域不同，马提内利可以当作果酒或果汁来售卖。

整个美国都生产含酒精果酒，尤其是在密歇根州的新英格兰地区、纽约州北部和美国西海岸，在俄亥俄州和宾夕法尼亚州出现了新的制造商。有些美国果酒自称是在未发酵果汁中添加无味酒精酿造而成的。这种果汁原料是压榨的果汁苹果，而不是果酒苹果。

根据美国税收法规定，当果酒中加入糖或者其他水果，同时利用二次发酵来提升其酒精度时，就可以把果酒定义为苹果酒。

大众情人——啤酒

　　啤酒是人类最古老的酒精饮料，是水和茶之后世界上消耗量排名第三的饮料。啤酒于20世纪初传入中国，属外来酒种。啤酒是根据英语Beer译成中文"啤"，称其为"啤酒"，沿用至今。啤酒以大麦芽、酒花、水为主要原料，经酵母发酵作用酿制而成的饱含二氧化碳的低酒精度酒。现在国际上的啤酒大部分添加辅助原料。有的国家规定辅助原料的用量总计不超过麦芽用量的50%。在德国，除出口啤酒外，德国国内销售啤酒一概不使用辅助原料。在2009年，亚洲的啤酒产量约5867万升，首次超越欧洲，成为全球最大的啤酒生产地。

啤酒分类 〉

• 根据啤酒色泽划分

（1）淡色啤酒（Pale Beers）

淡色啤酒是各类啤酒中产量最多的一种，按色泽的深浅，淡色啤酒又可分为以下3种。

①淡黄色啤酒

此种啤酒大多采用色泽极浅、溶解度不高的麦芽为原料，糖化周期短，因此啤酒色泽浅。其口味多属淡爽型，酒花香味浓郁。

②金黄色啤酒

此种啤酒所采用的麦芽溶解度较淡黄色啤酒略高，因此色泽呈金黄色，其产品商标上通常标注Gold一词，以便消费者辨认。口味醇和，酒花香味突出。

③棕黄色啤酒

此类酒采用溶解度高的麦芽，烘烙麦芽温度较高，因此麦芽色泽深，酒液黄中带棕色，实际上已接近浓色啤酒。其口味较粗重、浓稠。

（2）浓色啤酒（Brown Beer）

（3）黑啤（Stout Beer）

- 根据啤酒杀菌处理情况划分

  1. 鲜啤酒 (Draught Beer)
  2. 熟啤酒 (Pasteurind Beer)

- 根据原麦汁浓度划分

  1. 低浓度啤酒 (Small Beer)
  2. 中浓度啤酒 (Light Beer)
  3. 高浓度啤酒 (Strong Beer)

- 根据发酵性质划分

  顶部发酵 (Top Fermentating)。使用该酵母发酵的啤酒在发酵过程中，液体表面大量聚集泡沫发酵。这种方式发酵的啤酒适合温度高的环境16~24℃，装瓶后啤酒会在瓶内继续发酵。这类啤酒偏甜，酒精含量高，其代表就是各种不同的爱尔啤酒。

  底部发酵 (Bottom Fermenting)。顾名思义，该啤酒酵母在底部发酵，发酵温度要求较低，酒精含量较低，味道偏酸。这类啤酒的代表就是国内常喝的窖藏啤酒。

啤酒发展简史 >

啤酒的起源与谷物的起源密切相关。人类使用谷物制造酒类饮料已有8000多年的历史。已知最古老的酒类文献，是公元前6000年左右巴比伦人用黏土版雕刻的献祭用啤酒制作法。公元前4000年美索不达米亚地区已有用大麦、小麦、蜂蜜制作的16种啤酒。公元前3000年起开始使用苦味剂。公元前18世纪，古巴比伦国王汉谟拉比颁布的法典中，已有关于啤酒的详细记载。公元前1300年左右，埃及的啤酒作为国家管理下的优秀产业得到高度发展。拿破仑的埃及远征军在埃及发现的罗塞塔石碑上的象形文字表明，在公元前196年左右当地已盛行啤酒酒宴。啤酒的酿造技术是由埃及通过希

汉谟拉比法典

腊传到西欧的。1881年，E·汉森发明了酵母纯粹培养法，使啤酒酿造科学得到飞跃的进步，由神秘化、经验主义走向科学化。蒸汽机的应用，1874年林德冷冻机的发明，使啤酒的工业化大生产成为现实。全世界啤酒年产量已居各种酒类之首。

啤酒生产 〉

啤酒生产大致可分为麦芽制造、啤酒酿造、啤酒灌装3个主要过程。

• 麦芽制造

有以下6道工序。

大麦贮存：刚收获的大麦有休眠期，发芽力低，要进行贮存后熟。大麦精选：用风力、筛机除去杂物，按麦粒大小分级。

浸麦：浸麦在浸麦槽中用水浸泡2至3日，同时进行洗净，除去浮麦，使大麦的水分浸麦度达到42%~48%。

发芽：浸水后的大麦在控温通风条件下进行发芽形成各种使麦粒内容物质进行溶解。发芽适宜温度为13~18℃，发芽周期为4~6日，根芽的伸长为粒长的1~1.5倍。长成的湿麦芽称绿麦芽。长成的湿麦芽称绿麦芽。

焙燥：目的是降低水分，终止绿麦芽的生长和的分解作用，以便长期贮存；使麦芽形成赋予啤酒色、香、味的物质；易于除去根芽，焙燥后的麦芽水分为3%~5%。

贮存：焙燥后的麦芽，在除去麦根、精选、冷却之后放入混凝土或金属贮仓中贮存。

● 啤酒酿造

有以下 5 道工序。主要是糖化、发酵、贮酒后熟 3 个过程。

原料粉碎：将麦芽、大米分别由粉碎机粉碎至适于糖化操作的粉碎度。

糖化：将粉碎的麦芽和淀粉质辅料用温水分别在糊化锅、糖化锅中混合，调节温度。糖化锅先维持在适于蛋白质分解作用的温度（45~52℃）（蛋白休止）。将糊化锅中液化完全的醪液兑入糖化锅后，维持在适于糖化（β−淀粉和α−淀粉）作用的温度（62~70℃）（糖化休止），以制造麦醪。麦醪温度的上升方法有浸出法和煮出法两种。蛋白、糖化休止时间及温度上升方法，根据啤酒的性质、使用的原料、设备等决定用过滤槽或过滤机滤出麦汁后，在煮沸锅中煮沸，添加酒花，调整成适当的麦汁浓度后，进入回旋沉淀槽中分离出热凝固物，澄清的麦汁进入冷却器中冷却到 5~8℃。

发酵：冷却后的麦汁添加酵母送入发酵池或圆柱锥底发酵罐中进行发酵，用蛇管或夹套冷却并控制温度。进行下面发酵时，最高温度控制在 8~13℃，发酵过程分为起泡期、高泡期、低泡期，一般发酵 5~10 日。发酵成的啤酒称为嫩啤酒，苦味，口味粗糙，CO_2 含量低，不宜饮用。

后酵：为了使嫩啤酒后熟，将其送入贮酒罐中或继续在圆柱锥底发酵罐中冷却至 0℃左右，调节罐内压力，使 CO_2 溶入啤酒中。贮酒期需 1~2 月，在此期间残存的酵母、冷凝固物等逐渐沉淀，啤酒逐渐澄清，CO_2 在酒内饱和，口味醇和，适于饮用。

过滤：为了使啤酒澄、清、透明，成为商品，啤酒在 −1℃下进行澄清过滤。对过滤的要求为：过滤能力大、质量好，酒和 CO_2 的损失少，不影响酒的风味。过滤方式有硅藻土过滤、纸板过滤、微孔薄膜过滤等。

- 啤酒灌装

灌装是啤酒生产的最后一道工序，对保持啤酒的质量、赋予啤酒的商品外观形象有直接影响。灌装后的啤酒应符合卫生标准，尽量减少 CO_2 损失和减少封入容器内的空气含量。

桶装：桶的材质为铝或不锈钢，容量为15L、20L、25L、30L、50L。其中30L为常用规格。桶装啤酒一般是未经巴氏杀菌的鲜啤酒。鲜啤酒口味好，成本低，但保存期不长，适于当地销售。

瓶装：为了保持啤酒质量，减少紫外线的影响，一般采用棕色或深绿色的玻璃瓶。空瓶经浸瓶槽（碱液2%~5%，40~70℃）浸泡，然后通过洗瓶机洗净，再经灌装机灌入啤酒，压盖机压上瓶盖。经杀菌机巴氏杀菌后，检查合格即可装箱出厂。

罐装：罐装啤酒于1935年起始于美国。第二次世界大战中因军需而发展很快。罐装啤酒体轻，运输携带和开启饮用方便，因此很受消费者欢迎，发展很快。

PET（聚对苯二甲酸乙二酯）塑料瓶装：自1980年后投放市场，数量逐年增加。其优点为高度透明，重量轻，启封后可再次密封，价格合理。主要缺点为保气性差，在存放过程中，CO_2 逐渐减少。增添涂层能改善保气性，但贮存时间也不能太长。PET瓶不能预先抽空或巴氏杀菌，需采用特殊的灌装程序，以避免摄入空气和污染杂菌。

啤酒为什么不能用塑料瓶子装呢？ 〉

1. 因为啤酒里含有酒精等有机成分，而塑料瓶中的塑料属于有机物，这些有机物对人体有害，根据相似相容的原则，这些有机物会溶于啤酒中，当人饮用这样的啤酒时也会将这些有毒的有机质摄入体内，从而对人体造成危害。

2. 装啤酒的瓶子由于啤酒的特殊性必须要耐压而且能够保鲜，所以啤酒瓶子一般是深色的瓶子，而玻璃瓶子比塑料的瓶子保鲜性能好，又耐压，所以用的都是玻璃的，但已经有塑料的瓶子（PET啤酒瓶）了，由于技术的原因也不是很多。

啤酒花 ＞

　　啤酒花是啤酒中不可缺少的成分，啤酒花在啤酒的酿制过程中具有不可替代的作用：啤酒花使啤酒具有清爽的芳香气、苦味和防腐力。酒花的芳香与麦芽的清香赋予啤酒含蓄的风味。啤酒、咖啡和茶都以香与苦取胜，这也是这几种饮料的魅力所在。由于酒花具有天然的防腐力，故啤酒无需添加有毒的防腐剂；啤酒花形成啤酒优良的泡沫。啤酒泡沫是酒花中的异律草酮和来自麦芽的起泡蛋白的复合体。优良的酒花和麦芽能酿造出洁白、细腻、丰富且挂杯持久的啤酒泡沫来；啤酒花有利于麦汁的澄清。在麦汁煮沸过程中，添加酒花，可将麦汁中的蛋白络合析出，从而起到澄清麦汁的作用，酿造出清纯的啤酒来。

> **名称由来**

　　"啤酒"的名称是由外文的谐音译过来的，拿啤酒的"啤"字来说，中国过去的字典里是不存在的。后来，有人根据国外对啤酒的称呼如德国、荷兰称"Bier"；英国称"Beer"；法国称"Biere"；意大利称"Birre"；罗马尼亚称"Berea"等等，这些外文都含有"啤"字的音，于是译成中文"啤"字创造了这个外来语文字，又由于具有一定的酒精，故翻译时用了"啤酒"一词，一直沿用至今。正因为啤酒以大麦芽为主要原料，所以日本人也称啤酒为"麦酒"。

五彩斑斓鸡尾酒

鸡尾酒是一种量少而冰镇的酒。它是以朗姆酒、琴酒、龙舌兰、伏特加、威士忌等烈酒或是葡萄酒作为基酒，再配以果汁、蛋清、苦精、牛奶、咖啡、可可、糖等其他辅助材料，加以搅拌或摇晃而成的一种饮料，最后还可用柠檬片、水果或薄荷叶作为装饰物。

鸡尾酒的多个传说 ＞

关于鸡尾酒的传说有许多种。鸡尾酒在1776年，贝特西·弗拉纳根发明了美国式的"鸡尾酒"。鸡尾酒起源于1776年纽约州埃尔姆斯福一家用鸡尾羽毛作装饰的酒馆。一天当这家酒馆各种酒都快卖完的时候，一些军官走进来要买酒喝。一位叫贝特西·弗拉纳根的女侍者，便把所有剩酒统统倒在一个大容器里，并随手从一只大公鸡身上拔了一根毛把酒搅匀端出来奉客。军官们看看这酒的成色，品不出是什么酒的味道，就问贝特西，贝特西随口就答："这是鸡尾酒哇!"一位

军官听了这个词，高兴地举杯祝酒，还喊了一声："鸡尾酒万岁!"从此便有了"鸡尾酒"之名。这是在美洲被认可的起源。

一天，一次宴会过后，席上剩下各种不同的酒，有的杯里剩下1/4，有的杯里剩下1/2。有个清理桌子的伙计，将各种剩下的酒，三五个杯子混在一起，一尝味儿却比原来各种单一的酒好。接着，伙计按不

调到药酒中出售，获得一片赞许之声。从此顾客盈门，生意鼎盛。当时纽约阿连治的人多说法语，他们用法国口音称之为"科克车"，后来衍成英语"鸡尾"。从此，鸡尾酒便成为人们喜爱饮用的混合酒，花式也越来越多。

19世纪，美国人克里·福德在哈德逊河边经营一间酒店。克家有三件引以自豪的事，人称克氏三绝：一是他有一只膘肥体壮、气宇轩昂的大雄鸡，是斗鸡场上的名手；二是他的酒库据称拥有世界上最杰出的美酒；第三，他夸耀自己的女儿艾恩米莉是全市第一名绝色佳人，似乎全世界也独一无二。市镇上有一个名叫阿金鲁思的年轻男子，每晚到这酒店悠闲一阵，他是哈德逊河往来货船的船员。年深月久，他和艾恩米莉坠入了爱河。这小

同组合一连几种，种种如此。最后将这些混合酒分给大家喝，结果评价都很高。于是，这种混合饮酒的方法便出了名，并流传开来。至于为何称为"鸡尾酒"而不叫伙计酒，便不得而知了。

1775年，移居于美国纽约阿连治的彼列斯哥，在闹市中心开了一家药店，制造各种精制酒卖给顾客。一天他把鸡蛋

伙子性情好，工作踏实，老克里打心里喜欢他，但又时常作弄他说："小伙子，你想吃天鹅肉？给你个条件吧，你赶快努力当个船长。"小伙子很有恒心，努力学习、工作，几年后终于当上了船长，艾恩米莉自然也就成了他的太太。婚礼上，老克里很高兴，他把酒窖里最好的陈年佳酿全部拿出来，调合成"绝代美酒"，并在酒杯边饰以雄鸡尾羽，美丽至极。然后为女儿和顶呱呱的女婿干杯，并且高呼"鸡尾万岁！"自此，鸡尾酒便大行其道。

相传美国独立时期，有一个名叫拜托斯的爱尔兰籍姑娘，在纽约附近开了一间酒店。1779年，华盛顿军队中的一些美国官员和法国官员经常到这个酒店，饮用一种叫作"布来索"的混合兴奋饮料。但是，这些人不是平静地饮酒休闲，而是经常拿店主小姐开玩笑，把拜托斯比作一只小母鸡取乐。一天，小姐气愤极了，便想出一个主意教训他们。她从农民的鸡窝里找出一雄鸡尾羽，插在"布来索"杯子中。送给军官们饮用，以诅咒这些公

鸡尾巴似的男人。客人见状虽很惊讶，但无法理解，只觉得分外漂亮，因此有一个法国军官随口高声喊道："鸡尾万岁！"从此，加以雄鸡尾羽的"布来索"就变成了"鸡尾酒"，并且一直流传至今。

传说许多年前，有一艘英国船停泊在犹加敦半岛的坎尔杰镇，船员们都到镇上的酒吧饮酒。酒吧楼台内有一个少年用树枝为海员搅拌混合酒。一位海员饮后，感到此酒香醇非同一般，是有生以来从未喝过的美酒。于是，他便走到少年身旁问道："这种酒叫什么名字？少年以为他问的是树枝的名称，便回答说："可拉捷、卡杰。"这是一句西班牙语，即"鸡尾巴"的意思。少年原以树枝类似公鸡尾羽的形状戏谑作答，而船员却误以为是"鸡尾巴酒"。从此，"鸡尾酒"便成了混合酒的别名。

以某一贵族妇女Oxc-hitel的名字而演变成为Cocktail，以此表示尊贵；以雄鸡尾羽象征英雄气概；以彩色鸡尾象征调酒女郎爱美及调酒手艺高超；等等。

其实，鸡尾酒的起源并无实际意义，只是让饮用者在轻松的鸡尾酒会上，欣赏一杯完美的鸡尾酒的同时，多一个寒暄话题而已。不过，人们也不难想象，既然鸡尾酒的起源有如此多种美丽的传说，鸡尾酒恐怕的确有其独到的魅力。

 鸡尾酒常用语

基酒——指调鸡尾酒时所使用最基本的酒。

注入调和——一种附于苦味酒酒瓶的计量器。

茶匙——用来量材料分量，我们说1茶匙通常指1平茶匙。砂糖、糖浆、果汁最常用。

涩味酒——指调好的酒略带辛辣味。

单份——是指30ml，大约为威士忌酒杯1杯份。

双份——是指60ml，就是单份的两倍。

纯粹——指酒不加入任何东西。

酒后水——1.喝过较烈的酒之后所添加的冰水，可与烈酒中和保持味觉的新鲜，也可依个人喜好加入苏打水、啤酒、矿泉水等代替。2.指饮料中加入某些材料使其浮于酒中，如鲜奶油等，比重较轻之酒则可浮于苏打水之上。

鸡尾酒的命名 ＞

　　鸡尾酒的命名五花八门，千奇百怪。有植物名、动物名、人名，从形容词到动词，从视觉到味觉等等。而且，同一种鸡尾酒叫法可能不同；反之，名称相同，配方也可能不同。不管怎样，它的基本划分可分为以下几类：以酒的内容命名、以时间命名、以自然景观命名、以颜色命名。另外，上述4类兼而有之的也不乏其例。

自由古巴

• 以酒内容命名

　　以酒的内容命名的鸡尾酒虽说为数不是很多，但有不少是流行品牌，这些鸡尾酒通常都是由一两种材料调配而成，制作方法相对也比较简单，多数属于常饮类饮料，而且从酒的名称就可以看出酒品所包含的内容。例如比较常见的有：罗姆可乐，由罗姆酒兑可乐调制而成，这款酒还有一个特别的名字，叫"自由古巴"。此外，还有金可乐、威士忌可乐、伏特加可乐等。

• 以时间命名

　　以时间命名的鸡尾酒在众多的鸡尾酒中占有一定数量，这些以时间命名的鸡尾酒有些表示了酒的饮用时机，但更多的则是在某个特定的时间里创作者因个人情绪，或身边发生的事，或其他因素的影响有感而发产生了创作灵感，创作出一款鸡尾酒，并以这一特定时间来命名鸡尾酒，以示怀念、追忆。如"忧虑的星期一""六月新娘""夏日风情"等。

94

以自然景观命名

所谓以自然景观命名，是指借助于天地间的山川河流、日月星辰、风露雨雪，以及繁华都市、边远乡村抒发创作者的情思。因此，以自然景观命名的鸡尾酒品种较多，且酒品的色彩、口味甚至装饰等都具有明显的地方色彩，比如"雪乡""乡村俱乐部""迈阿密海滩"等。此外还有"红云""夏威夷""蓝色的月亮""永恒的威尼斯"等。

以颜色命名

以颜色命名的鸡尾酒占鸡尾酒的大部分，它们基本上是以"伏特加""金酒""罗姆酒"等无色烈性酒为酒基，加上各种颜色的利口酒调制成形形色色、色彩斑斓的鸡尾酒品。

红色：鸡尾酒中最常见的色彩，它主要来自于调酒配料"红石榴糖浆"。红色能营造出异常热烈的气氛，为各种聚会增添欢乐、增加色彩，以红色著名的鸡尾酒还有"新加坡司令""日出特基拉""迈泰"等。

绿色：主要来自于著名的绿薄荷酒。薄荷酒有绿色、透明色和红色3种，但最常用的是绿薄荷酒，它用薄荷叶酿成，具有明显的清凉、提神作用，著名的绿色鸡尾酒有"蚱蜢""绿魔""青龙"等。

蓝色：这一常用来表示天空、海洋、湖泊、河流的自然色彩，由于著名的蓝橙酒的酿制，便在鸡尾酒在频频出现，如"忧

郁的星期一""蓝色夏威夷""蓝天使"等。

黑色：用各种咖啡酒，其中最常用的是一种叫甘露（也称卡鲁瓦）的墨西哥咖啡酒。其色浓黑如墨，味道极甜，带浓厚的咖啡味，专用于调配黑色的鸡尾酒，如"黑色玛丽亚""黑杰克""黑俄罗斯"等。

褐色：可可酒，由可可豆及香草做成，欧美人对巧克力偏爱异常，配酒时常常大量使用，或用透明色淡的，或用褐色的，比如调制"白兰地亚历山大""第五街""天使之吻"等鸡尾酒。

金色：用带茴香及香草味的加里安奴酒，或用蛋黄、橙汁等。常用于"金色凯迪拉克""金色的梦""金青蛙"等调制。

褐色鸡尾酒

ZHONG GUO JIU WEN HUA TAN MI

品酒礼仪 〉

　　随着酒会的进行,应酬周旋的必要就逐渐减少了,但作为一个有教养的客人,仍需留意于女主人的通盘安排。参加鸡尾酒会,应避免下列行为:

　　1. 早到,即使提前一分钟也不好。于预定结束时间前15分到。

　　2. 用又冷又湿的右手和人握手(记得请用左手拿饮料)。

　　3. 右手拿过餐点,美奶滋还没抹干净,就和人握手(请用左手拿餐点,要不然,吃完就应立刻用餐巾把手仔细擦干净)。

　　4. 和别人说话时东张西望,好像生怕错过哪个更重要的人物,这是非常不礼貌的,但是在鸡尾酒会上这种错误却很常见。

　　5. 抢着和贵宾谈话,不让别人有和他们搭讪的机会。

　　6. 硬拉着主人讨论严肃话题,说个没完。要知道,主人还有更重要的事要做,没工夫和你扯整晚。

　　7. 霸占餐点桌,以致别的客人没机会接近食物。

　　8. 把烟灰弹到地毯上,或拿杯子当烟灰缸,用完就不管了。

ZHONG GUO JIU WEN HUA TAN MI

调制鸡尾酒 〉

鸡尾酒的世界是多彩多姿的，在我们看来，总觉得它是那样的微妙，不同的酒配搭起来，变换出那么多的色彩，拥有那么多美丽动听的名字，其实鸡尾酒虽然千变万化，却有一定的公式化可循，只要备齐以下基本材料，就有可能成为吧台后面的调酒高手！到这个时候，在家中，静静地调一杯鸡尾酒，慢慢地品尝，一种很惬意的感觉，就在身边慢慢飞扬。

调制鸡尾酒的时候一般都要用摇酒壶、滤冰器（有些自带滤冰器的摇酒壶就不需要单配一个滤冰器了）、吧勺、盎司杯、冰铲。然后准备需要用的酒品、辅料以及装饰。准备好之后，先用冰铲在摇酒壶的壶身中加入五六块冰（冰的量要根据杯子大小和摇酒壶大小而定），然后用盎司杯量取辅料（如果汁、牛奶等），倒入摇酒壶身，然后依次是辅酒、基酒，最后放上杯饰。如果需要盐边、糖边的话要在调制酒品之前用柠檬油擦一圈杯边，然后把盐或者糖倒在一个平整的面板上，把杯子倒过来转圈沾取（玛格丽特）。彩虹鸡尾酒制作的时候要把密度大的酒先从子弹杯中间倒入杯底，然后依照密度减小的次序把其他酒品用吧勺引流，顺杯壁流下。切勿碰触下面一层的酒以免引起混层。

98

鸡尾酒的特点 〉

　　鸡尾酒经过200多年的发展，现代鸡尾酒已不再是若干种酒及乙醇饮料的简单混合物。虽然种类繁多，配方各异，但都是由各调酒师精心设计的佳作，其色、香、味兼备，盛载考究，装饰华丽、圆润、协调的味觉外，观色、嗅香，更有享受、快慰之感。甚至其独特的载杯造型，简洁妥帖的装饰点缀，无一不充满诗情画意。总观鸡尾酒的性状，现代鸡尾酒具有如下特点：

ZHONG GUO JIU WEN HUA TAN MI

- 鸡尾酒是混合酒

鸡尾酒由两种或两种以上的非水饮料调合而成，其中至少有一种为酒精性饮料。像柠檬水、中国调香白酒等便不属于鸡尾酒。

- 花样繁多，调法各异

用于调酒的原料有很多类型，各酒所用的配料种数也不相同，如2种、3种甚至5种以上。就算以流行的配料种类确定的鸡尾酒，各配料在分量上也会因地域不同、人的口味各异而有较大变化，从而冠以新的名称。不仅因原料的不同而有差别，调制手法的运用也会使鸡尾酒产生不一样的口味。一名好的调酒师，对其身体协调性有极高要求。

- 具有刺激性口味

鸡尾酒具有明显的刺激性，能使饮用者兴奋，因此具有一定的酒精浓度。适当的酒浓度使饮用者紧张的神经和缓、肌肉放松等等。

- 能够增进食欲

鸡尾酒应是增进食欲的滋润剂。饮用后，由于酒中含有的微量调味饮料如酸味、苦味等饮料的作用，饮用者的口味应有所改善，绝不能因此而倒胃口、厌食。

- 口味优于单体组分

鸡尾酒必须有卓越的口味，而且这种口味应该优于单体组分。品尝鸡尾酒时，舌头的味蕾应该充分扩张，才能尝到刺激的味道。如果过甜、过苦或过香，就会影响品尝风味的能力，降低酒的品质，是调酒时不能允许的。

- 冷饮性质

　　鸡尾酒需足够冷冻。像朗姆类混合酒，以沸水调节器配，自然不属典型的鸡尾酒。当然，也有些酒种既不用热水调配，也不强调加冰冷冻，但其某些配料是温的，或处于室温状态的，这类混合酒也应属于广义的鸡尾酒的范畴。

- 色泽优美

　　鸡尾酒应具有细致、优雅、匀称、均一的色调。常规的鸡尾酒有澄清透明的或混浊的两种类型。澄清型鸡尾酒应该是色泽透明，除极少量因鲜果带入固形物外，没有其他任何沉淀物。

- 盛载考究

　　鸡尾酒应由式样新颖大方、颜色协调得体、容积大小适当的载杯盛载。装饰品虽非必需，但却常有的。它们对于酒，犹如锦上添花，使之更有魅力。况且，某些装饰品本身也是调味料。

- 一年四季一般都加冰块。

　　配方有几万种，色彩、味道各不相同，调制鸡尾酒的基酒有琴酒（Gin）、威士忌（Whiskey）、伏特加（Vodka）、白兰地（Brandy）、龙舌兰酒（Tequila）、朗姆酒（Rum）。果汁类有橙汁、柠檬汁、姜汁等，汽水类有可乐、七喜、汤力水、苏打水、干姜水等，有时加入樱桃、杨梅、橙片等装饰。这种酒酒精度一般在0—30度之间。

> **世界上最烈的12种酒**

1. 波兰精馏伏特加 Spirytus

酒精浓度：96%。

有品酒者这样评介 Spirytus，"喝一口就像肚子上挨了一拳似的。"销售商则形容它为"西伯利亚飞行员曾经爱喝的酒。"

2. 美国 Everclear 酒

酒精浓度：95%。

Everclear 是美国首类可以瓶装出售的 95% 的烈性酒，在年轻人中间比较受欢迎，口味较淡。

3. 美国 Golden Grain 金麦酒

酒精浓度：95%。

金麦

金麦酒和 Everclear 酒同属一家生产商，品质也相似，在美国很多州是禁止销售的。金麦酒也是"尖叫的紫衣耶稣"和"立刻死亡"等饮品的主要成分来源。

4. 苏格兰 4 次蒸馏威士忌 BruichladdichX4 Quadrupled Whiskey

酒精浓度：92%。

BruichladdichX4 Quadrupled Whiskey 采纳 17 世纪 4 次蒸馏工艺，是酒精度最高的单一麦芽威士忌。它被储存在橡木桶中以增加口感。同时还曾有一队 BBC 记者见证过它的酒精度之高，居然可以以 100 英里的时速驱动一辆跑车。

5. 格林纳达朗姆酒 River Antoine Royale Grenadian Rum

酒精浓度：90%。

这种清亮的烈性朗姆酒采纳流传几个世纪之久的罐式蒸馏法，经过缓慢蒸馏以最大限度保证酒的口感。它是从发酵的甘蔗汁蒸馏而来的。

6. 捷克共和国 Hapsburg Gold Label Premium Reserve Absinthe

酒精浓度：89.9%。

打出"我们没有局限"标语的 Hapsburg 苦艾酒和梵高喝过的苦

艾酒不是一种，但它足以使人做出"艺术家"一样的疯狂举动了，因此销售商都是劝说顾客不要直接喝，最好搭配一些别的酒。

7. 苏格兰伏特加 Pincer Shanghai Strength

酒精浓度：88.8%。

这种烈性伏特加含有如接骨木花和奶蓟等补肝的中药成分，一瓶酒能喝 65 杯而不是一般酒的 26 杯。

8. 保加利亚巴尔干伏特加 Balkan Vodka

酒精浓度：88%。

这种无色无味的伏特加销往 176 个国家，在南美一些国家特别受欢迎。

9. 牙买加朗姆酒 John Crow Batty Rum

酒精浓度：80%。

此酒以诗人 John Crow Batty 的名字命名。它简直比习惯吃腐肉的秃鹫的胃酸还要有劲。如果这种酒你能喝得惯，那一定没有你喝不惯的酒了。

10. 波多黎各酒 Bacardi151

酒精浓度：75.5%。

淡棕色的 Bacardi151 在天气温柔的地区很受欢迎，人们一般把它加在其他酒中饮用。

11. 捷克共和国 Kingof Spirits Absinthe 苦艾酒

酒精浓度：70%。

这种酒的原料是巨型艾草中提取的一种名为"侧柏酮"的化学物质，这种物质会使人出现难以入睡、幻觉、抽搐等症状。但是 Kingof Spirits 苦艾酒的爱好者则形容它会让"色彩看上去更加艳丽、人的口气更加新鲜、思维更活跃"。

12. 格林纳达朗姆酒 Clarke's Court Spicy Rum

酒精浓度：69%。

这种蜂蜜色的朗姆酒的生产商是格林纳达最大的朗姆酒厂家。酒的成分中含有肉蔻、白胡椒和肉桂等。

● 中国酒文化

酒与诗歌 〉

　　饮酒想起诗，赋诗想起酒。酒与诗好像是孪生兄弟，结下了不解之缘。《诗经》是我国最早的一部诗歌总集，我们从中闻到浓烈的酒香。饮酒是乐事，但由于受到生产力的制约，酿造一点酒并不容易。所以有了一点酒，往往想到我们的祖先，用作祭祀之用，与神灵共享。

　　清酒既载，骍牡既备。以享以祀，以介景福。——《大雅·旱麓》

　　祭祀者并不是白白地请吃请喝，而是对神都抱有希望。水旱风雷，常常威胁着人们的生存。在无法主宰自然的情况下，只能向神灵祈祷风调雨顺，禾稼丰收，免于饥馑。"自今以始，岁其有。君子有谷，诒孙子。于胥乐兮。"（《鲁颂·有马必》）从春而复，由夏而冬，人们一面披风雪，冒寒暑，不停耕耘，也一面向神灵膜拜，暗暗祈祷，然而真正让人们眉开眼笑、饮得安乐、饮得热闹的，当是在禾稼登场的时候。

　　一边饮酒，一边做游戏，这是宫廷宴会最为常见的。他们投壶发矢，以决胜负。《行苇》中对此类多有描写："敦弓既坚，四鍭候既钧。舍矢既均，序宾以贤。"胜负既定，欢呼声起，于是以大斗斟酒，互相碰杯，祈祷福禄。即使祭祀，也只是徒具仪式，实际上是让美酒灌满自己的皮囊。

　　酒是美妙的东西，有了它，不仅要与神灵"共享"，而且用以招待客人。中华民族是个好客的民族。有亲朋来访,都要以美酒待客,一者是主人体面,二者是增加欢趣。

蕙肴蒸兮兰藉,奠桂酒兮椒浆。

——《九歌·东皇太一》

操余弧兮反沦降,援北吉兮酌桂浆。——《九歌·东君》

从屈原的诗句中,已经看到加入"桂""椒"这些香料,说明酒的品种变得丰富,具有地方的特色。屈原的诗篇,影响深远。

到了汉末,天下动乱,连年争战,"铠甲生虮虱,万姓以死亡。白骨露于野,千里无鸡鸣。"人们的生命,朝不保夕,故感慨良多。把酒临江,横槊赋诗的曹孟德,是个具有雄才大略的人,他希望平定各地的割据势力,统一河山,使天下出现大治,就可无忧无虑痛饮两杯。"对酒歌,太平时,吏不呼门。王者贤且明,宰相股肱皆忠良。"(《对酒》)

人们讲究文明,讲究礼节。互敬互让,尊老爱幼,路不拾遗,无所争讼。国家的法度,公正无私,判刑合理,官吏爱民如子。老天爷体察善良的百姓,风调雨顺。他一边饮酒一边驰骋想象,为我们勾勒出一个人间乐园,可说是开了"桃花源"理想世界的先河。然而理想终归是理想,醉意过后,回眸人间,一片混乱。以有限的生命,去追求遥遥无期的目标,其难无异登天。于是深感力不从心,悲从中来,这一杯酒,味道可就完全不同了!

公子爱敬客,终宴不知疲。
清夜游西园,飞盖相追随。
明月澄清影,列宿正参差。
秋兰披长坂,朱华冒绿池。
潜鱼跃清波,好鸟鸣高枝。
神飙接丹毂,轻辇随风移。
飘飘放志意,千秋长若斯。

——《公宴》

他才高八斗，又是王弟，不少文士多仰慕他，追随他。所以他日夜开宴，赏柳看花。秦筝齐瑟，美女娇娃。"中厨办丰膳，烹羊宰肥牛"。反正是"公款"，尽量花销就是。只要不过问政治，一天吃三头肥牛，曹丕大概也不会来过问。除了"置酒高殿上"，还纵马出猎："揽弓捷鸣镝，长驱上南山。左挽因右发，一纵两禽连。余巧未及展，仰手接飞鸢。观者咸称善，众工归我妍。归来宴平乐，美酒斗十千。"

这《名都篇》有论者以为是曹植本人游猎生活的写照。平乐观为汉明帝所造，在洛阳西门外。能在那设宴，且饮每斗"十千"的美酒，恐百一般人所能为。尽管有丰厚的物质享受和斗鸡走马的乐趣，但并不能解除心灵的痛苦。不知是"遗传基因"，或是现世的实感，他也慨叹："盛时不可再，百年忽我遒。生存华屋处，零落归山丘"。(《箜篌引》)人终究不免一死。"悲从中来，不可断绝"。当然，大概也只有"杜康"可以排解了。

竹林七贤魏晋之际，政局不稳，文士动辄得咎。为逃避祸患，他们沉湎曲蘖。如果说饮酒是乐事，那么他们这一杯酒则是饮得很痛苦的。当时文人"结社集会"，少谈政治，而是以酒解愁。魏末"陈留阮籍，谯国嵇康，河内山涛，河南向秀，籍兄子咸，琅琊王戎，沛人刘伶，相与友善，常宴集于竹林之下，时人号为"竹林七贤"(《三国志》)。他们一个个都是大酒徒，蔑视礼法，放浪形骸。这是有历史背景的。而这七人之中，嵇康与阮籍，在文学史上齐名。嵇康是个憎恨虚伪、反对俗礼、不满黑暗统治的名士。他颇知言论不慎会招灾惹祸，但生性耿直，而酒后尤甚，故不免遇

害。他的诗作虽然不多，但我们都看到他饮酒时欢乐的赞颂。

王禹，北宋文学家，性嗜酒，大有一日不可无此君之慨。

无花无酒过清明，兴味萧然似野僧。昨日邻家乞新火，晓窗分与读书灯。——《清明》

他在宋太祖开宝年间中进士，在汴州作官司，生活比较稳定，后因得罪宋太宗，被贬为商州团练副使，大概收入不多，需靠"稿费"打酒。他的《寒食》诗云：

今年寒食在商山，山里风光亦可怜。稚子就花拈蛱蝶，人家依树系秋千。郊原晓绿初经雨，巷陌春阴乍禁烟。副使官闲莫惆怅，酒钱犹有撰碑钱。

由唐入宋，虽然社会趋于安定，生产比五代时期有所发展，但创造仍没完全愈合，边患时起，民生多艰。王禹在风雪寒天一斟酌之中，心绪难平，品出许多苦味。"月俸虽无余，晨炊且相继。薪未缺供，酒肴亦能备。"（《对雪》）自己虽然生活无忧，而河朔之民此时却"输挽供边鄙。车重数十斛，路遥数百里。"其中冻死的该有多少？戍边将士，身披铠甲，寒气透骨，远离乡井，备受苦辛，有谁能解除他们的痛苦？他这种关怀民生、杯酒不忘国事的思想，是深受杜甫与白居易思想的影响的。

欧阳修是妇孺皆知的醉翁。他那篇著名的《醉翁亭记》，从头到尾一直"也"下去，贯穿一股酒气。无酒不成文，无酒不成乐。天乐地乐，山乐水乐，皆因为有酒。"树林阴翳，鸣声上下，游人去而禽鸟乐也。然而禽鸟知山林之乐，而不知人之乐……"（《醉翁亭记》）其实，鸟是知人之乐，且与人共乐的。

107

酒与中华武术 〉

　　武术是中华民族独特的人体文化，被视为国粹。因此，在20世纪30年代曾直呼为"国术"。至今在港、台和海外部分华人中，仍名之曰"国术"。数千年来，随着社会经济文化的发展，武术也在不断地发展变化，成为我们民族最独特的人体文化的瑰宝。

　　自卫本能的升华和攻防技术的积累，是武术产生的自然基础。世界上各个民族都产生过自己的武术，但是像中国武术这样传承千载而又丰富多彩，

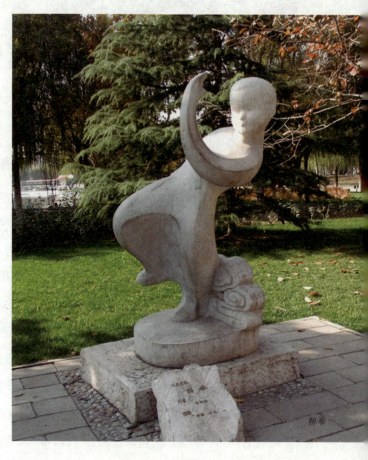

醉拳

综观全球，却只有中国一家。武术不只是格斗技术、健身体育，而且影响到民族文化的方方面面，诸如医药保健、戏剧文学、方术宗教等等。酒，作为人类文明的产物，同样深入到民族生活的方方面面，与武术也有着紧密的联系。

　　"醉拳"是现代表演性武术的重要拳种，又称"醉酒拳""醉八仙拳"，其拳术招式和步态如醉者形姿，故名。考其醉意醉形曾借鉴于古代之"醉舞"（见《今壁事类》卷十二）。其醉打技法则吸收了各种拳法的攻打捷要，以柔中有刚、声东击西、顿挫多变为特色。作为成熟的套路传承，大约在明清时代。张孔昭《拳经拳法备要》即载《醉八仙歌》。醉拳由于模拟醉者形态，把地趟拳中的滚翻技法融于拳法和腿法。至今其流行地区极广，四川、陕西、山东、河北、北京、上海和江淮

一带均有流传。

关于醉拳，有一个歌诀："颠倾吞吐浮不倒，跟跄跌撞翻滚巧。滚进为高滚出妙，随势跌扑人难逃。"这个歌诀对醉拳的特点进行了准确而生动的概括。醉拳中的关键在一个"醉"字，而这种"醉"仅是一种醉态而非真醉，在攻防中，跟跟跄跄，似乎醉得站都站不稳，然而在跌撞翻滚之中，随势进招，使人防不胜防。这就是醉拳的精妙之处。

除了醉拳之外，还有醉剑。剑术在中国有着悠久的历史，而且富含着丰厚的文化内涵。它被奉为百兵之君，它曾经被尊为帝王权威的象征，神佛仙家修炼的法器，更成为文人墨客抒情明志的寄托，也是艺术家在舞台上表现人物、以舞动人的舞具。直到今天，剑更成为各阶层中国老百姓健身的最富民族色彩的体育器材。一种在新石器时代生产的古老兵器，至今在大众手中舞练，在全世界恐怕也只有剑器吧。正因如此，有人说中国有一个内涵极为丰富而悠久的剑文化体系，而酒文化同样浸润其间。

除醉拳与醉剑之外，还有醉棍。醉棍是棍术的一种，它是把醉拳的佯攻巧跌与棍术的弓、马、仆、虚、歇、旋的步法与劈、崩、抡、扫、戳、绕、点、撩、拨、提、云、挑，醉舞花、醉踢、醉蹬连棍法相结合，而形成的一种极为实用的套路，传统醉棍流传于江苏、河南的《少林醉棍》，每套36式。

醉拳醉剑以及醉棍，作为极富表演性的拳种，产生的机制鲜明地表现了东方人体象形取意的包容性和化腐朽为神奇的特点。不可否认，醉酒是一种不正常的体态，然而东方人体文化却能化丑为美。醉拳不只有特殊的攻防价值，而其观赏性尤为人喜爱，"醉拳""醉剑""醉者戏猴""醉棍"不只是武术中的表演项目，根据这些素材创作的电影《大醉拳》和舞蹈《醉剑》都曾经是深受欢迎的节目。

醉剑

酒与名胜古迹 ➤

中华神州大地，幅员辽阔，山川壮丽，群山耸立，江河如网，其自然风光，真是千姿百态，美不胜收。孔子曾说："智者乐水，仁者乐山。"南朝陶弘景也说："山水之美，古来共谈。"除了这种自然景观之外，由于中国历史悠久，更有数不清的人文景观，这种人文景观更显示了中华民族的智慧和文明。

在这些人文景观中，关于酒的名胜古迹，也占据着一个重要地位，是中国人文景观中一个不容忽视的组成部分。

在这类名胜古迹中，最引人注目的大概要数诗人们留下的酒痕遗迹了。敏县太白楼有一副对联："公昔登临，想诗境满怀，酒杯在手；我来依旧，见青山对面，明月当头。"是的，诗人们对着青山明月，自然要酒瘾大发，诗兴大作，由是，留下了说不完道不尽的轶闻趣事。这些文人雅士早已仙逝，但是"翁去八百载，醉乡犹在"，他们又留下了多少令人神往的遗迹。以李白为例，在四川江油，就留下了太白故里、匡山书院、太白楼、月爱寺等一连串古迹，构成了以李白为中心的一批文化景点。在安徽马鞍山，又留下了捉月台、李白衣冠冢、顾白楼的古迹，流传着李白醉后捞月的故事。

太白楼

另一类名胜古迹中，则是历史上有名的故事。如甘肃酒泉，是霍去病击匈奴，汉武帝赐御酒劳军的故事。由于汉武帝所赐御酒仅一坛，霍去病将酒倾注到泉中，与将士共饮，这个故事，表现了霍去病与士卒同甘苦的作风。再如鸿门，只留下了一点遗迹，但面对鸿门遗迹，也不禁使我们感受到当年鸿门宴上的紧张气氛。在中国民间，流传着极其丰富的神话传说，这些神话传说，也在名胜古迹中留下了它们的踪迹。如湖南的江南第一楼岳阳楼，就留下了吕洞宾三醉岳阳楼的传说，又给这座名楼平添了几分神秘的色彩。传说吕洞宾有诗说："三醉岳阳人不识，朗吟飞过洞庭湖。"在岳阳楼的楹联中，也有不少写吕洞宾三醉的。如"修到神仙，看三醉飞来，也要几杯绿酒；托生人世，笑百般好处，都成一枕黄粱。"

在这些景观中，有的融自然景观与人文景观于一体，相得益彰，使自然景观的内涵更加丰富。如湖南的岳阳楼、滁州醉翁亭、当涂采石矶、苏州沧浪亭、黄州东坡赤壁等等。这些名胜古迹，本来就景色宜人，具有极高的观赏价值，而由于有了这些酒人酒诗酒文的点缀，就更加使人流连忘返了。不仅如此，这些文化名胜古迹，也展示了中华民族文化积淀的丰厚。

111

　　自然也有一些名胜古迹，由于历史久远，或由于天灾人祸，已经毁坏殆尽，或仅留遗迹，或连遗迹也被淹没，可是由于这些故事早已深入人心，所以人们仍然怀念它、凭吊它。即使仅余一木一石，人们也极为珍惜。正所谓"山不在高，有仙则名；水不在深，有龙则灵"。

酒与绘画——醉笔染丹青 ＞

　　从古至今，文人骚客总是离不开酒，诗坛书苑如此，那些在画界占尽风流的名家们更是"雅好山泽嗜杯酒"。他们或以名山大川陶冶性情，或花前酌酒对月高歌，往往就是在"醉时吐出胸中墨"。酒酣之后，他们"解衣盘礴须肩掀"，从而使"破祖秃颖放光彩"，酒成了他们创作时必不可少的重要条件。酒可品可饮，可歌可颂，亦可入画图中。纵观历代中国画杰出作品，有不少有关酒文化的题材，可以说，绘画和酒有着千丝万缕的联系，它们之间结下了不解之缘。

　　中国绘画史上记载着数万位名画家，喜曲蘖者亦不乏其人。我们只能从有"画圣"头衔和"三绝"美誉的吴道子和郑虔说起。吴道子名道玄，画道释人物有"吴带当风"之妙，被称之为"吴家样"。

吴道子画作

唐明皇命他画嘉陵江三百里山水的风景，他能一日而就。《历代名画记》中说他"每欲挥毫，必须酣饮"，画嘉陵江山水的疾速，表明了他思绪活跃的程度，这就是酒刺激的结果。吴道子在学画之前先学书于草圣张旭，其豪饮之习大概也与其师不无关系。郑虔与李白、杜甫是诗酒友，诗书画无一不能，曾向玄宗进献诗篇及书画，玄宗御笔亲题"郑虔三绝"。

五代至宋初的郭忠恕是著名的界画大师，他所作的楼台殿阁完全依照建筑物的规矩按比例缩小描绘，评者谓：他画的殿堂给人以可摄足而入之感，门窗好像可以开合。除此之外，他的文章书法也颇有成就，史称他"七岁能通书属文"。在五代这个政治动荡的时代，他的仕途遭遇极为坎坷，可是他的绘画作品备受人们欢迎。郭忠恕从不轻易动笔作画，谁要拿着绘绢求他作画，他必然大怒而去。可是酒后兴发，就要自己动笔。一次，安陆郡守求他作画，被郭忠恕毫不客气地顶撞回去。这位郡守并不甘心，又让一位和郭忠恕熟悉的和尚拿上等绢，乘郭酒酣之后赚得一幅佳作。大将郭从义就要比这位郡守聪明了，他镇守岐地时，常宴请郭忠恕，宴会厅里就摆放着笔墨。郭从义也从不开口索画。如此数月。一日，郭忠恕乘醉画了一幅作品，被郭从义视为珍宝。

元朝有不少画家以酒量大而驰誉古今画坛，"有鲸吸之量"的郭异算一位。山水画家曹知白的酒量也甚了得。曹知白（1272-1355）字贞素，号云西。家豪富，喜交游，尤好修饰池馆，常招邀文人雅士，在他那座幽雅的园林里论文赋诗，筋咏无虚日。"醉即漫歌江左诸贤诗词，或放笔作画图"。杨仲弘总结他的人生态度是："消磨岁月书千卷，傲睨乾坤酒一缸"。另一位山水画家商琦（字德符，活动在14世纪）则能"一饮一石酒"。称他

们海量都当之无愧。当然,也有的画家喜饮酒却不会饮,如张舜咨(字师费,善画花鸟)就好饮酒,但沾酒就醉,"费翁八十双鬓蟠,饮少辄醉醉辄欢",所以他又号辄醉翁。

明朝画家中最喜欢饮酒的莫过于吴伟。吴伟(1459-1508)字士英、次翁,号小仙,江夏(今武昌)人。善画山水、人物,是明代主要绘画流派浙派的三大画家之一,明成化、弘治年间曾两次被召入宫廷,待诏仁智殿,授锦衣镇抚、锦衣百户,并赐"画状元"印。明朝的史书典籍中有关吴伟嗜酒的记载,笔记小说中有关吴伟醉酒的故事比比皆是。《江宁府

志》说:"伟好剧饮,或经旬不饭,在南都,诸豪客时召会伟酣饮。"詹景凤《詹氏小辩》说他"为人负气傲兀嗜酒"。周晖《金陵琐事》记载:有一次,吴伟到朋友家去做客,酒阑而雅兴大发,戏将吃过的莲蓬,蘸上墨在纸上大涂大抹,主人莫名其妙,不知他在干什么,吴伟对着自己的杰作思索片刻,抄起笔来又舞弄一番,画成一幅精美的《捕蟹图》,赢得在场人们的齐声喝彩。姜绍书《无声诗史》为我们讲了这么一个故事:吴伟待诏仁智殿时,经常喝得烂醉如泥。一次,成化皇帝召他去画画,吴伟已经喝醉了。他蓬头垢面,被人扶着来到皇帝面前。皇帝见他

这副模样，也不禁笑了，于是命他作松风图。他踉踉跄跄碰翻了墨汁，信手就在纸上涂抹起来，片刻，就画完了一幅笔简意赅、水墨淋漓的《松风图》，在场的人们都看呆了，皇帝也夸他真仙人之笔也。

唐伯虎是家喻户晓的风流才子，他名寅（1470—1523），字伯虎，一字子畏，号六如居士。诗文书画无一不能，曾自雕印章曰"江南第一风流才子"。民间流传着许许多多唐伯虎醉酒的故事：他经常与好友祝允明、张灵等人装扮成乞丐，在雨雪中击节唱着莲花落向人乞讨，讨得银两后，他们就沽酒买肉到荒郊野寺去痛饮，而且自视这是人间一大乐事。还有一天，唐伯虎与朋友外出吃酒，酒尽而兴未阑，大家都没有多带银两，于是，典当了衣服权当酒资，继续豪饮一通，竟夕未归。唐伯虎乘醉涂抹山水数幅，晨起换

钱若干，才赎回衣服而未丢乖现丑。

清末，海派画家蒲华可以称得上是位嗜酒不顾命的人，最后竟醉死过去。蒲华（1833—1911）字作英。善草书、墨竹及山水。住嘉兴城隍庙内，性落拓，室内陈设极简陋，绳床断足，仍安然而卧。常与乡邻举杯酒肆，兴致来了就挥笔洒墨，酣畅淋漓，色墨玷污襟袖亦不顾。家贫以曹画自给，过着赏花游山、醉酒吟诗、超然物外、寄情翰墨的生活。曾自作诗一首："朝霞一抹明城头，大好青山策马游。桂板鞭梢看露拂，命侍同醉酒家楼。"这正是他的生活写照。

酒神型艺术家的作品往往是自己本性的化身，是他对真善美认识的具体反映。作品大多痛快淋漓，自然天成，透出一种真情率意，毫无矫柔造作之态。

酒与音乐——美酒飘香歌绕梁 〉

中国民族众多，各民族与酒有关的民歌就更多了，例如蒙古族的《酒歌》、侗族的《手拿酒杯举过眉》、乌孜别克族的《一杯酒》、裕固族的《喝一口家乡的青稞酒》、藏族的《敬上一杯青稞酒》、维吾尔族的《金花与紫罗兰》、撒尼族的《撒尼人民多欢喜》、壮族的《对歌》、土家族的《长工歌》……

综观中国数千年的音乐史，可以发现音乐和酒大致有着这样的关系：

1.酒为低吟高唱的由头

例如曹操的《短歌行》，其"对酒当歌，人生几何"的歌声，通过酒抒发了时光流逝功业未成的深沉感慨。又如韩伟作词、施光南作曲的《祝酒歌》，其"美酒飘香歌声飞，朋友请你干一杯，胜利的十月永难忘，杯中酒满幸福泪"的歌声，通过酒抒发了粉碎"四人帮"的无比兴奋。

2.以音乐写饮酒之人的精神状态，抒发饮酒之人的思想感情

例如古琴曲《酒狂》。魏之末年，司马氏专权，士大夫言行稍有不慎就招致杀身之祸。阮籍放纵于饮酒，一方面避免了司马氏的猜忌，一方面也使司马氏胁迫、利用他的企图归于无效。《酒狂》比较形象地反映了他似乎颓废实际愤懑的情感。又如古琴曲《醉渔唱晚》，它描摹

了一位以打鱼为生的隐者放声高歌、自得其乐、豪放不羁的醉态，抒发了作者忘情于山水，纵情于美酒的思想感情。

3.以酒为歌唱的重要内容

例如明代民歌《骂杜康》《酒风》，清代民歌《这杯酒》《上阳美酒》，民国时期的民歌《八仙饮酒》《十杯酒》，中华人民共和国成立之后的《祝酒歌》《丰收美酒献给毛主席》。又如器乐曲广东音乐《三醉》和琵琶曲《倾杯乐》。另外，前面说过，不少词牌、曲牌之名称，或含有酒，或与酒有关。它们最初都是一首词或一支曲子的名称，其词或曲子被广为传唱之后，时人纷纷摹仿，于是逐渐成为一种固定的音乐格式，包括唱词的格律，其名称也就成为该曲牌或词牌的名称，例如《倾杯乐》。还有这么一种情况，一个词牌或曲牌，例如《念奴娇》，由于某人所填之词或曲影响很大，并且与酒有关，例如苏东坡的《念奴娇·赤壁怀古》问世之后，广为传唱，其主旨，又全在末句"人生如梦，一樽还酹江月"中，于是时人就以《酹江月》作为《念奴娇》的别称。

4.音乐与酒皆是古代"礼"的重要内容

《礼记·乐记》说："礼节民心，乐和民声，礼义立，则贵贱等矣；乐文同，则上下和矣。"国君宴请臣子宾客，在古代也是一种礼仪（燕礼），在这种场合，自然要奏乐，例如周代的《小雅·鹿鸣》、清代的《清乐》，等等。礼乐互用，酒乐相配，在明君臣之礼的同时，激发群臣宾客的忠贞。不过在民间，酒宴几乎没有什么礼仪作用，因而音乐与酒的关系，只是饮酒助兴罢了。

音乐与酒，都是人类情感的结晶。几千年来，在中华大地，美酒飘香歌绕梁。芬芳的美酒，美妙的旋律，从男人心中烧出火来，从女人眼中带出泪来，丰富着人民的生活，成为中华灿烂的民族文化的一个重要组成部分。

曹操的《短歌行》

117

● 酒是一把双刃剑

喝酒的4个最佳 ＞

饮酒如同饮食和饮水，有很多的讲究和学问，如果掌握了饮酒的诀窍，学会正确科学地饮酒，不仅不会伤害身体，还有利于健康。下面就饮酒的最佳时间、最佳种类、最佳饮量、最佳佐菜讲述最佳饮酒方式。

• 饮酒的最佳时间

一天中的早晨和上午不宜饮酒，尤其是早晨最不宜饮酒。因为在上午这段时间，胃分泌的分解酒精的酶——酒精脱氢酶浓度最低，在饮用同等量的酒精时，更多地被人体吸收，导致血液中的酒精浓度较高，对人的肝脏、脑等器官造成较大伤害。每天的 14 时以后饮酒对人体比较安全，尤其是在 15~17 时最为适宜。此时不仅人的感觉敏锐，而且由于人在午餐时进食了大量的食物，使血液中所含的糖分增加，对酒精的耐受力也较强，所以此时饮酒对人体的危害较小。另外，人在空腹、睡觉前或在感冒时饮酒，对人体也有很大的危害，尤其是白酒对人体的危害更大。

• 饮酒的最佳种类

酒有很多种类，比如白酒、啤酒、黄酒、葡萄酒等。从人体的健康角度说，众多酒类中以果酒之一的红葡萄酒对人的健康最为有利。据研究发现，红葡萄酒含有一种被称为槲皮酮的植物色素成分。这种色素具有抗氧和抑制血小板凝固的双重作用，可以保持血管的弹性与人体血液畅通，因此不易导致心脏缺血，所以经常饮用红葡萄酒可以减少心脏病的发病率。荷兰一医生观察 805 名男性发现，常饮红葡萄酒患心脏病的危险会降低一半。而法国人少患心脏病即得益于此。白葡萄酒虽与其"同宗"，但因在酿制过程中槲皮酮丧失殆尽，故几乎无保护心脏的作用。

• 饮酒的最佳饮量

人体肝脏每天能代谢的酒精约为每千克体重 1 克。一个 60 千克体重的人每天允许摄入的酒精量应限制在 60 克以下。低于 60 千克体重者应相应减少，最好掌握在 45 克左右。换算成各种成品酒应为：60 度白酒 50 克、啤酒 1 千克、威士忌 250 毫升。红葡萄酒虽有益健康，但也不可饮用过量，以每天 2 至 3 小杯为佳。

• 饮酒的最佳佐菜

酒对身体的危害大小，与血液中酒精的浓度有极大的关系，当空腹饮酒时往往会导致血液中酒精浓度急剧升高，对人体的危害较大。而在饮酒时选择理想的佐菜，不仅能满足饮酒者的口福，同时也减少了酒精对人体的危害。从酒精的代谢规律看，最佳佐菜当推高蛋白和含维生素多的食物。因为酒精经肝脏分解时需要多种酶与维生素参与，酒的度数越高酒精含量越大，所消耗的酶与维生素也就越多，故应及时补充。富含蛋氨酸与胆碱的食品尤为有益，如在饮酒时应多吃一些新鲜蔬菜、鲜鱼、瘦肉、豆类、蛋类等。切忌用咸鱼、熏肠、腊肉等食品作为下酒的佐菜，因为熏腊类的食品中含有大量色素与亚硝胺，在人体内与酒精发生反应，不仅伤害肝脏，而且会损害口腔与食道黏膜，甚至诱发癌症。

葡萄酒的功效 〉

医学研究表明：葡萄的营养很高，而以葡萄为原料的葡萄酒也蕴藏了多种氨基酸、矿物质和维生素，这些物质都是人体必须补充和吸收的营养品。已知的葡萄酒中含有的对人体有益的成分大约就有600种。葡萄酒的营养价值由此也得到了广泛的认可。据专家介绍，25年以上的葡萄根在地下土壤里扎根很深，相对摄取的矿物质微量元素也多，以这种果实酿造出来的葡萄酒最具营养价值。

• 葡萄酒的营养作用

葡萄酒是具有多种营养成分的高级饮料。适度饮用葡萄酒能直接对人体的神经系统产生作用，提高肌肉的张度。除此之外，葡萄酒中含有的多种氨基酸、矿物质和维生素等，能直接被人体吸收。因此葡萄酒能对维持和调节人体的生理机能起到良好的作用。尤其对身体虚弱、患有睡眠障碍者及老年人的效果更好。

葡萄酒内含有多种无机盐，其中，钾能保护心肌，维持心脏跳动；钙能镇定神经；镁是心血管的保护因子，缺镁易引起冠状动脉硬化。这3种元素是构成人体骨骼、肌肉的重要组成部分；锰有凝血和合成胆固醇、胰岛素的作用。

• 葡萄酒对女性的特殊功效

红葡萄酒美容养颜、抗衰老功能源于酒中含量超强抗氧化剂,其中的SOD能中和身体所产生的自由基,保护细胞和器官免受氧化,免于斑点、皱纹、肌肤松弛,令肌肤恢复美白光泽。"红控"们都亲切地唤它作"可以喝的面膜"。

红葡萄酒的另一个功效——减肥,每升葡萄酒中含525卡热量,但是这些热量只相当于人体每天平均需要热量的1/15。饮酒后,葡萄酒能直接被人体吸收、消化,可在4小时内全部消耗掉而不会使体重增加。所以经常饮用葡萄酒的人,不仅能补充人体需要的水分和多种营养素,而且有助于减轻体重。红葡萄酒中的酒石酸钾、硫酸钾、氧化钾含量较高,可防止水肿和维持体内酸碱平衡。

• 葡萄酒助消化作用

饮用葡萄酒后,如果胃中有60~100毫升的葡萄酒,可以使胃液的形成量提高到120毫升。

啤酒的益处和坏处 >

啤酒是以麦芽、大米、酒花、啤酒酵母和酿造水为原料，它的主要特点是酒精含量低，含有较为丰富的糖类、维生素、氨基酸、钾、钙、镁等营养成分，适量饮用，对身体健康有一定好处。

啤酒具有较高的水含量，可以解渴；同时，啤酒中的有机酸具有清新、提神的作用。一方面可减少过度兴奋和紧张情绪，并能促进肌肉松弛；另一方面，能刺激神经，促进消化；除此之外，啤酒中低含量的钠、酒精、核酸能增加大脑血液的供给，扩张冠状动脉，并通过提供的血液对肾脏的刺激而加快人体的代谢活动。而且，啤酒还有"防病"功能，据美国加州医疗中心的试验表明：适度饮啤酒的人比禁酒者和酒狂可减少心脏病、溃疡病的机率，而且可防止得高血压和其他疾病。

啤酒的酒精含量虽然不高，一旦过量，酒精绝对量增加，就会加重肝脏的负担并直接损害肝脏组织，增加肾脏的负担，心肌功能也会减弱。长此以往可致心力衰竭、心率紊乱等。

研究证实，过量饮用啤酒，不但起不到预防高血压和心脏病的效果，相反还促进了动脉血管硬化、心脏病和脂肪肝等病的发生、发展。大量饮用啤酒，使胃黏膜受损，造成胃炎和消化性溃疡，出现上腹不适、食欲不振、腹胀、嗳气和反酸等症状。许多人夏天喜欢喝冰镇啤酒，导致胃肠道温度下降，毛细血管收缩，使消化功能下降。由于啤酒营养丰富、产热量大，所含营养成分大部分能被人体吸收，长期大量饮用会造成体内脂肪堆积，致使大腹便便，形成"啤酒肚"。病人常伴有血脂、血压升高。

有关资料还表明，萎缩性胃炎、泌尿系统结石等患者，大量饮用啤酒会导致旧病复发或加重病情。这是因为酿造啤酒的大麦芽汁中含有钙、草酸、鸟核苷酸和嘌呤核苷酸等，它们相互作用，能使人体中的尿酸量增加一倍多，不但促进胆肾结石形成，而且可诱发痛风症。澳大利亚专家调查发现，每天饮5升以上啤酒的人最容易患直肠癌。

• 不宜饮啤酒的人群

消化道疾病患者，比如患有胃炎、胃溃疡、结肠炎的病人；肝脏病患者，有急慢性肝病的人，其肝脏功能不健全，就不能及时发挥其解毒等功能，容易发生酒精中毒，而且酒精会直接损伤肝细胞；心脑血管疾病患者和孕妇也不宜喝啤酒。有些人对酒精过敏，一喝啤酒就会出现过敏性皮疹，这类人慎喝。此外，婴幼儿、老年人、体弱者和一些虚寒病人也不宜饮用啤酒。

• 喝啤酒须注意

1. 饮用啤酒不宜过量；
2. 消化系统患者不宜饮用啤酒；
3. 不宜以啤酒送服药品；
4. 不宜同时吃腌熏食品；
5. 不宜与烈性酒同饮；
6. 大汗之后不宜饮用啤酒；
7. 不宜用热水瓶贮存散装啤酒；
8. 不宜饮用超期或久存的啤酒；
9. 不宜饮用冷冻啤酒。

白酒功用 >

白酒不同于黄酒、啤酒和果酒,除了含有极少量的钠、铜、锌,几乎不含维生素和钙、磷、铁等,所含有的仅是水和乙醇(酒精)。传统认为白酒有活血通脉、助药力、增进食欲、消除疲劳、陶冶情操、使人轻快并有御寒提神的功能,饮用少量低度白酒可以扩张小血管,可使血液中的含糖量降低,促进血液循环,延缓胆固醇等脂质在血管壁的沉积,对循环系统及心脑血管有利。

• 适合人群

1.35 岁以上的男性和过了绝经期的妇女,每隔一天喝一小杯白酒,对防治心血管疾病有一定的辅助作用;

2. 阴虚、失血及温热甚者忌服;生育期的男女最好忌酒。

• 制作指导

1. 烹调菜肴时,如果加醋过多,味道太酸,只要再往菜里洒一点白酒,即可减轻酸味。

2. 烹调中,用酒十分重要,酒能解腥起香,使菜肴鲜美可口,但也要用得恰倒好处,否则难以达到效果,甚至会适得其反。

3. 白酒对某些中药材中的营养成分有溶解作用,有利于饮用者的健康。

4. 空腹时饮酒更容易患肝硬化,这与蛋白质摄入量不足更易使肝脏受损有关。

5. 饮白酒前后不能服用各种镇静类、降糖类、抗生素和抗结核类药物,否则会引起头痛、呕吐、腹泻、低血糖反应甚至死亡。

• 特殊功效

白酒除了饮用外，还有其他功能，现介绍如下。

减痛：不慎将脚扭伤后，将温白酒涂于伤处轻轻按摩，能舒筋活血，减轻疼痛。

去腥：手上沾有鱼虾腥味时，用少许白酒清洗，即可去掉腥味。

除腻：在烹调脂肪较多的肉类、鱼类时，加少许白酒，可使菜肴味道鲜美而不油腻。

消苦：剖鱼时若弄破苦胆，立即在鱼肚内抹一点白酒，然后用冷水冲洗，可消除苦味。

减酸：烹调菜肴时，如果加醋过多，只要再往菜中倒些白酒，可减轻酸味。

去泡：因长途行走或因劳动摩擦手脚起泡时，临睡前把白酒涂于起泡处，次日晨可去泡。

增香：往醋中加几滴白酒和少许食盐，搅拌均匀，既能保持醋的酸味，又能增加醋香味。

酒精的主要危害 >

长期大量饮酒可导致心功能衰竭，表现为心室扩大和左心室收缩功能低下，病变的出现和消退均与饮酒有关，当终止饮酒后其心衰能得以改善或至少不进一步恶化，而再次饮酒后心衰又复发，此种情况若反复多次发生，将会造成心肌的不可逆损害，以致终止饮酒后仍有进行性心功能恶化，引起"酒精性心肌病"。

此外，酒精中毒者心房纤颤的发生率也很高，这种因中毒所致的房颤若能早期戒酒则能使病变逆转或稳定。酒是一种纯热能食物，长期大量饮酒可增加体重，影响体内糖代谢过程而使甘油三酯生成增加，而肥胖和高脂血症均是冠心病患病的危险因素，因此长期大量饮酒可使冠心病的患病率增加，大量饮酒者的冠心病死亡率亦增加。

不难看出，少量饮用低度酒对预防心血管疾病有积极意义；长期大量饮用烈性酒则对健康危害极大。鉴于饮酒对消化、中枢神经、生殖等诸多系统的危害以及可能由饮酒带来的一系列交通、社会等问题，因此有关专家建议不把适度饮酒推荐为预防心血管疾病的措施之一。

劝君莫贪杯中物，已有饮酒习惯的中年人应限制及减少饮酒量；节假日或亲朋相会时以饮低度酒为宜，已有心血管疾病的患者一定要戒酒，儿童及青少年更不宜饮酒。

除了一次饮酒过量所造成的即刻性影响（俗称为酒醉）之外，一再不断大量饮酒会造成多种严重的长期性疾病，我们把饮酒对各种对人体器官的影响摘要如下。

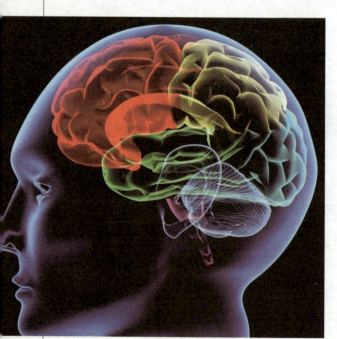

• 大脑

少量酒精能使人自觉振奋，机警，注意力集中，但是实际结果显示事实并非如此，少量酒精有镇静作用，摄入较多酒精对记忆力、注意力、判断力及情绪反应都有严重伤害。饮酒太多会造成口齿不清、视线模糊、失去平衡力。

126

• 肝脏

长期大量饮酒，几乎无可避免地会导致肝硬化，有病的肝脏不再对来自消化道的营养加以处理，也无法再处理摄入人体的药物，肝硬化的症状很多，而且是扩散性的，这些症状包括水肿（液体滞瘤、腹胀）、胃疸（皮肤及眼白发黄）。

• 皮肤

酒精是血管扩张剂，可使身体表面血管扩张，它除了使你看起来脸红红的之外，也会使你身体组织过分散热，这会造成你在天冷时全身冰冷（体温过低）。

• 心脏

大量饮酒的人会发生心肌病，心肌病就是心脏肌肉组织变得衰弱并且受到损伤。

• 胃

一次大量饮酒会使你出现急性胃炎的不适症状，连续大量摄入酒精，会导致更严重的慢性胃炎。

• 生殖器官

酒精会使男性出现阳痿，对于妊娠期的妇女，即使是少量的酒精，也会使未出生的婴儿发生身体缺陷的危险性增高。

酒精对不同的人有不同的影响。大部分人认为酒是一种兴奋剂，然而，依医学观点来讲，酒是一种镇静剂：它减慢了你的反应时间，且混乱了你判断动作和距离的能力。甚至当你喝得太多时，连走路和说话都成为问题。

图书在版编目（CIP）数据

中国酒文化探秘／魏星编著 . —长春：北方妇女
儿童出版社，2016.2（2021.3重印）
（科学奥妙无穷）
ISBN 978 – 7 – 5385 – 9732 – 5

Ⅰ.①中…　Ⅱ.①魏…　Ⅲ.①酒 – 文化 – 中国 – 青少
年读物　Ⅳ.①TS971 – 49

中国版本图书馆 CIP 数据核字（2016）第 007747 号

中国酒文化探秘
ZHONGGUO JIUWENHUA TANMI

出 版 人　刘　刚
责任编辑　王天明　鲁　娜
开　　本　700mm×1000mm　1/16
印　　张　8
字　　数　160 千字
版　　次　2016 年 4 月第 1 版
印　　次　2021 年 3 月第 3 次印刷
印　　刷　汇昌印刷（天津）有限公司
出　　版　北方妇女儿童出版社
发　　行　北方妇女儿童出版社
地　　址　长春市人民大街 5788 号
电　　话　总编办：0431 – 81629600

定　　价：29. 80 元